THE HORUS HERESY®
燃烧的银河
GALAXY IN FLAMES

［英］本·康特尔 著　赵笛 译

浙江科学技术出版社

This edition published in China by Zhejiang Science and Technology Publishing House in 2020.

Copyright © Games Workshop Limited 2020.

This translation copyright © Games Workshop Limited 2020.

Translated and used under licence by Zhejiang Science and Technology Publishing House. All rights reserved.

GW, Games Workshop, Black Library, The Horus Heresy, The Horus Heresy Eye logo, Space Marine, 40K, Warhammer, Warhammer 40,000, the 'Aquila' Double headed Eagle logo, and all associated logos, illustrations, images, names, creatures, races, vehicles, locations, weapons, characters, and the distinctive likenesses thereof, are either ® or TM, and/or © Games Workshop Limited, variably registered around the world. All rights reserved.

本书中文版由浙江科学技术出版社于 2020 年出版

Copyright © Games Workshop Limited 2020.

This translation copyright © Games Workshop Limited 2020.

浙江科学技术出版社可在授权下翻译与使用。保留所有权利。

GW、Games Workshop、Black Library、荷鲁斯之乱、荷鲁斯之眼标识、星际战士、40K、战锤、战锤 40,000、"天鹰"双头鹰标识，以及所有相关标识、插图、图像、名称、生物、种族、载具、地点、武器、角色及其中的特色同类物，所有带有 ® 或 TM 以及 ©Games Workshop Limited 的标识均为在全世界注册的商标或为 Games Workshop Limited 版权所有。保留所有权利。

故事简介

荷鲁斯之乱——
这是一段传奇岁月。

众多伟岸英雄为了统御银河之权奋力拼搏。
地球帝皇的亿万大军纵横星海,以一场伟大远征将银河纳入囊中——在这些精兵强将面前,无以计数的异形种族难当锋锐,就此在历史长卷上被抹消了踪迹。

人类种族威震寰宇的璀璨年代拉开了序幕。

黄金白玉堆砌而成的闪耀堡垒颂扬着帝皇的诸多凯旋。一百万个世界上林立的纪念碑,翔实描述了那些悍勇战将的传奇功绩。

帝皇的战士中最强大的便是基因原体,这些英武绝伦的人物率领帝皇麾下的星际战士大军斩获了无数胜果。他们势不可当,高贵超凡,是帝皇基因实验的巅峰成就。星际战士则是银河之中前所未有的强悍士兵,每个人皆有以一敌百之力。

数以万计的星际战士组成庞大军团,追随各自原体踏入星海,以帝皇之名征服银河。

所有基因原体中最出众的是荷鲁斯,亦唤荣耀者、光明星辰、帝皇宠儿、如父爱子。他受封战帅,是帝皇麾下各路大军的总指挥官,是万千世界与整个银河的征服者。他是无出其右的战士,也是手腕卓绝的外交家。

荷鲁斯是一颗冉冉升起的新星,然而在他坠落苍穹之前,又会经历怎样的命运?

出场人物

基因原体

战帅荷鲁斯 ······················· 荷鲁斯之子军团基因原体
安格隆 ··························· 吞世者军团基因原体
弗格瑞姆 ························· 帝皇之子军团基因原体
莫塔瑞恩 ························· 死亡守卫军团基因原体

荷鲁斯之子

艾泽凯尔·阿巴顿 ················· 第一连长,荷鲁斯之子
塔瑞克·托迦顿 ··················· 连长,第二连,荷鲁斯之子
亚克顿·克鲁兹 ············ "耳旁风",连长,第三连,荷鲁斯之子
荷鲁斯·阿西曼德 ······· "小荷鲁斯",连长,第五连,荷鲁斯之子
瑟加·塔苟斯特 ··················· 连长,第七连,荷鲁斯之子
加维尔·洛肯 ····················· 连长,第十连,荷鲁斯之子
卢克·赛迪瑞 ····················· 连长,第十三连,荷鲁斯之子
泰保特·玛尔 ············· "亦者",连长,第十八连,荷鲁斯之子
卡卢斯·埃卡顿 ············· 上尉,卡图兰掠夺者小队,荷鲁斯之子
法库斯·齐伯尔 ············· "寡妇制造者",上尉,加斯塔林
　　　　　　　　　　　　　　　　终结者小队,荷鲁斯之子
耐罗·维帕斯 ············· 士官,巫师战术小队,荷鲁斯之子
马罗格斯特 ······················· "扭曲者",战帅侍从

其他星际战士

艾瑞巴斯 ······················· 怀言者首席牧师
卡恩 ························· 吞世者第八突击连连长
内森尼尔·加罗 ················· 死亡守卫连长
卢修斯 ······················· 帝皇之子剑客
索尔·塔维兹 ··················· 帝皇之子第一连长
艾多伦 ······················· 帝皇之子总司令
法比乌斯·拜尔 ················· 帝皇之子药剂师

死亡军团

机长埃索·图奈特 ··············· 帝王泰坦审判日指挥官
高阶驾驶员泰塔斯·卡萨 ········· 帝王泰坦审判日机组成员
高阶驾驶员乔纳·阿鲁肯 ········· 帝王泰坦审判日机组成员

非阿斯塔特帝国人员

机械神教技师瑞古拉斯 ········· 机械神教派往荷鲁斯的代表，负责指挥军团的机器人并维护作战装备
英梅星 ······················· 星语者首领
凯瑞尔·辛德曼 ················· 首席宣讲者
梅萨蒂·欧丽顿 ················· 官方记述者，纪实作者
悠弗拉迪·奇勒 ················· 官方记述者，摄影师
皮特·伊刚·莫马斯 ··············· 指定建筑师
马迦德 ······················· 马罗格斯特的便衣警察

目录

第一部　长刀

- 2　　第一章　帝皇保佑　长夜　球体的音律
- 15　　第二章　完美　宣讲者　我们的专长
- 29　　第三章　王座上的荷鲁斯　圣人有难　伊斯特凡Ⅲ
- 42　　第四章　献祭　一个瞬间　保她平安
- 53　　第五章　黑暗千年　战争歌者
- 68　　第六章　军团之魂　一切都将不同　憎恶
- 80　　第七章　神之机械　帮我一个忙　偷天换日

第二部　圣歌城

- 94　　第八章　地狱的战士　屠杀　背叛
- 105　第九章　神的力量　重整　荣誉兄弟
- 118　第十章　最宝贵的真理　普拉尔　死亡墓穴
- 132　第十一章　警告　世界之死　科索尼亚的孤嗣
- 145　第十二章　清理门户　让银河燃烧　神之机械
- 159　第十三章　马迦德　阵营　影月苍狼

目录

第三部　兄弟

第十四章　熬过去　卡墨西安　背叛 174

第十五章　不缺少奇迹　老朋友　完美的失败 185

第十六章　内鬼　八重之道　荣誉必偿 195

第十七章　获胜才有活路　审判日　结局 207

第一部

长刀

第一章

帝皇保佑
长夜
球体的音律

"我见证,"泰塔斯·卡萨说道,他颤抖的嗓音勉强能够传达到房间后部,"我见证荷鲁斯背叛了帝皇。"

他的话语在这场圣言录集会的人群里引起一阵齐声叹息,这可怕的惊变让所有人一同低垂头颅。这个房间是战帅旗舰复仇之魂号底层甲板深处一座废弃的弹药库。坐在角落里的凯瑞尔·辛德曼静静地听着,时不时被卡萨的蹩脚用词弄得紧锁眉头。显而易见,那个人绝对无法担任宣讲者,但他的话语中带着笃定和信念,这表明他全心全意地相信自己所说的话。

辛德曼嫉妒这种笃定。

距离他上一次对任何事情抱有哪怕一丝的确信,已经很多个月了。

身为63号远征舰队的首席宣讲者,凯瑞尔·辛德曼的工作是在伟大远征中传播帝国真理,向那些归顺世界宣扬帝皇的统御和帝国的荣光,将理性光辉与世俗真理传递到时刻拓展的帝国边疆,这是一份高尚的职业。

但不知从哪里开始,事情就变了。

辛德曼不确定这变化究竟是何地发生的。是在芝诺比娅,在戴文,在奥瑞厄斯,还是其他十几个归顺世界之中的某一个?

他曾经被视为深谙世俗和真理的首席先知,然而时代变了,现在他常常回想起萨罗努姆的作品,那位苏玛图兰哲学家曾提出疑问,为什么新兴科学的光辉似乎还不及古老巫术那般明亮?

泰塔斯·卡萨继续进行着冗长的传教,辛德曼将注意力转回到他身上。高大而瘦削的卡萨身穿高阶驾驶员制服,他是帝王泰坦审判日的一名高级机组成员。辛德曼怀疑,卡萨之所以在圣言录团体中地位甚高,大多要归功于此人的军阶,以及他之前与悠弗拉迪·奇勒建立的友谊,毕竟这明显是超出他自身能力的地位。

悠弗拉迪·奇勒，是个摄影师、传道者……以及圣人。

辛德曼还记得与争强好胜且极度自信的悠弗拉迪在登机甲板会面的情景，当时他们正准备离开战舰前往下方的63-19星球，对即将在耳语山脉深处的恐怖事物浑然不知。

他们和洛肯连长一同目睹了扎弗耶·朱伯被扭曲成一个源自虚空的怪物。在那之后辛德曼便一直将自己掩埋在堆积如山的书籍之中，试图解读当时目睹的异象，研究那事件背后的机理。但悠弗拉迪无法在书本中寻得庇护，于是投向了日渐壮大的教会——圣言录以寻求慰藉。

这个教会将帝皇视为神圣的存在并推崇备至，它从最初卑微的地位蓬勃发展至今，一跃成为在整个银河远征舰队中广泛传播的宗教——这让战帅大为恼火。此前教会缺乏一个核心人物，如今悠弗拉迪成了第一位烈士和圣人。

辛德曼还记得昔日目睹悠弗拉迪直面一个跨越异界之门来到凡间的梦魇，并将那怪物驱逐回了虚空。他看到她全身笼罩在噬人烈焰中却毫发无伤，握着银质帝国鹰徽的手掌喷射出灼目的光芒。舰队的星语者领袖英梅星以及十几个战舰士兵都是目击者。消息迅速传播开来，悠弗拉迪在一夜之间便成了信众眼中的圣人，一个在宇宙边疆为大家提供支撑的信标。

辛德曼说不清楚自己究竟为何前来参加这场集会——这不是集会，他暗暗纠正自己，这是布道，是传教——毕竟他极有可能暴露身份。成为圣言录的成员是被严格禁止的，一旦东窗事发，那么他作为宣讲者的职业生涯便会画上句号。

"现在我们要思考帝皇的言语。"卡萨继续说道，他朗读着一本小小的皮面册子。这让辛德曼联想到了伊格内斯·卡尔卡斯生前用来书写诗篇的邦兹曼7号本子。梅萨蒂·欧丽顿一直怀疑，诗人臭名昭著的作品正是导致其遭到谋杀的原因。

辛德曼觉得，中的文字具有与之不相上下的危险性。

"我们这里有几位新的信徒。"卡萨说道。辛德曼顿时觉得房间里的每一双眼睛都转向了自己。虽然他早已习惯面对庞大的听众群体，在整块大陆的居民面前也泰然自若，此时却突然在这些人的注视下倍感拘谨。

"人们刚刚接收到崇敬帝皇的感召时，通常会心存疑虑，"卡萨说，"人们知道帝皇一定是神。因为他拥有神一般的力量，并统治着全人类。但除此之外，人们身陷黑暗，懵懂无知。"

至少辛德曼同意这一点。

"最重要的是，人们会问，'如果帝皇果真是神，那么他如何施展神圣力量呢？'我们大多数看不到他的天降神力，只有屈指可数的几个人有幸得到过他赐予的愿景。那么，他难道并不关心他的大部分子民？"

"人们没有意识到这种想法的错误之处。其实，我们每一个人都受到了他的引导，我们每一个人都应向他奉献热忱。在虚空深处，帝皇的伟大灵魂时刻与存在的黑暗殊死搏斗，阻止那些污秽涌入这个世界吞噬我们。在泰拉，他的伟大事业将为整个宇宙带来和平与启迪，让我们所有的梦想成为现实。帝皇引导、教育并劝诫我们超越自我，但最重要的是，帝皇保佑我们。"

"帝皇保佑。"集会人群一同吟诵道。

"圣言录，帝皇的圣言，这并非一条轻松的信仰之路。帝国真理对于不可见与不可知的排斥让人心安，而圣言则要求我们具备一种意志力，去相信一些肉眼难辨的事物。我们注视这黑暗的银河越久，我们在这征服的烈焰中苟活得越久，就会越发地意识到，帝皇的神圣是唯一能够存在的真理。我们并非主动寻求圣言，我们在内心听到了圣言，从而不由自主地去追随它。信仰不是一面昭示盟约的旗帜，亦非用来争辩的理论。信仰深埋在我们心里，完美无缺而不可逃避。圣言录就是这份信仰的体现，我们只有正视帝皇的圣言，才能理解帝皇为人类铺就的道路。"

真是动人的言辞，辛德曼心想。动人的言辞，虽然表述方式颇为蹩脚，却是真正发自内心。他能看到这些话触动了听众的心弦。富有技巧的演讲者足可用这样的话语和信仰的力量来左右整个世界。

在卡萨继续讲下去之前，枪声在通向这个房间的迷宫走廊中骤然响起。辛德曼背后传来的金属闷响声让他扭过身去，他看到一个神情惊恐的女人推开了一道铁门。在她打开门之后，辛德曼听到爆矢枪的咆哮从外面传来。

整场集会顿时一片混乱，人们望向卡萨寻求指引，但他同样不知所措。

"他们找到你们了。"辛德曼大喊，他立刻意识到发生了什么。

"所有人离开这里，"卡萨喊道，"分散走！"

辛德曼在慌乱的人群中挤向身处房间前端的卡萨。一些参加集会的人掏出了枪，从军事作风上判断，他们应该是帝国军队的士兵。另一些是战舰上的海员，而辛德曼对于宗教有着足够深刻的了解，他知道在必要的时候这些人会用武力来维护自己的信仰。

"过来，宣讲者。是时候离开这里了。"卡萨一边开口，一边拽着德高望重的宣讲者穿过房间，钻进了从这里放射出去的众多通道之一。

卡萨注意到了宣讲者脸上的担忧，安慰他道："别担心，凯瑞尔，帝皇会保佑我们。"

"我也是这么希望的。"辛德曼上气不接下气地回答。

子弹打在天花板上横飞出去，枪口的亮光映射在墙壁上。辛德曼向身后瞥了一眼，看到阿斯塔特披挂盔甲的高大身影冲入房间，自己竟要与这些强大战士为敌的可怕念头让他的心脏停跳了一拍。

辛德曼匆忙跟随卡萨跑进疏散通道，穿过几道防爆门，两人的逃亡路线在战舰深处蜿蜒前行。复仇之魂号是一艘规模庞大的飞船，他对于现在身处的区域毫无头绪，与华丽的上层甲板相比，这里的墙壁显得阴郁而粗糙。

"你知道你在往哪儿走吗？"辛德曼喘着粗气问道，每一口灼热呼吸都带来一阵刺痛，他老迈的骨头早已在这种很少经历的剧烈运动中散架了。

"工程区，"卡萨回答，"那儿是一片迷宫，而且技术工人里也有我们的朋友。该死，为什么他们就不能放过我们？"

"因为他们惧怕你们，"辛德曼说，"就像我感到害怕一样。"

"你确定吗？"荷鲁斯之子军团的基因原体、帝国战帅荷鲁斯问道。他的声音在复仇之魂号宽广的战略室中隆隆回响。

"在我的能力范围之内，很确定。"63号远征舰队的星语者领袖英梅星回答。她的脸上布满皱纹，失明的双眸深陷于眼窝中。将数百条灵能信息跨越银河传递出去的责任显然令她的瘦削躯体难堪重负。几位同样身穿鬼魅白袍的星语者学徒簇拥在英梅星周围，喏嚅低语着各自脑海中浮现的幽影和幻象。

"我们有多少时间？"荷鲁斯问。

"作为一项与亚空间相关的事务，准确预测是非常困难的。"英梅星回答。

"星女士，"荷鲁斯冷冷地说，"准确性恰恰是我向你提出的要求，今日尤为如此。伟大远征的走向会因为这个消息而产生剧变，如果你错了，那么这种变化将带来灾难性的后果。"

"大人，我无法向你提供一个精确的答案，但我相信几天之内，正在聚集的亚空间风暴会遮蔽星炬。"英梅星答道，她忽视了战帅话语中暗含的威胁。虽然双眼已盲，但她依旧能够察觉到隐藏在战略室阴影中的那些加斯塔林卫士，荷鲁斯之子第一连的终结者们对她充满了敌意，"几天之内我们就再难找到它的光芒。我们的心灵只能勉强穿透虚空，领航者们也宣称他们将很快无法准确地指引舰队。整个银河会被黑夜和幽暗笼罩。"

荷鲁斯用一只手握成拳头重重击打在桌上，"你明白自己在说什么吗？对于伟大远征而言这是最深重的危机。"

"我只是阐述了我看到的情况，战帅。"

"如果你们错了……"

这不是随意的威胁——战帅的威胁从来不是随意的。曾几何时，战帅的怒火绝不会引发如此露骨的威胁，然而此刻荷鲁斯声调中暗藏的暴戾表明，那些日子早已过去了。

"如果我们错了，那么我们甘受惩罚。这一点从未改变。"

"我的原体兄弟呢？他们有什么消息？"荷鲁斯问道。

"我们未能与敬爱的圣吉列斯取得联系，"英梅星回答，"黎曼·鲁斯也没有传递任何关于他征讨千子的消息。"

荷鲁斯严酷地笑着说："那并不让我担忧。狼王现在心无旁骛，他打算给马格努斯一个教训，绝不会轻易分散注意力。其他人呢？"

"沃坎和多恩正在返回泰拉的途中。其他原体都在继续开展各自当前的战役。"

"至少这还不错，"荷鲁斯紧锁眉头沉思着说，"铸造统领如何？"

"原谅我，战帅，我们没有收到火星传来的任何消息。我们尝试用机械手段取得联系，但这会花费数月时间。"

"在这件事情上你失败了，星女士。和火星方面的协调至关重要。"

在过去的几周内，英梅星已经利用灵能在复仇之魂号和机械神教铸造统领凯尔博哈之间传递过数条加密信息。具体内容她难以知晓，其中蕴含的情感却无比清晰。不论战帅有何筹谋，机械神教都是一个重要元素。

荷鲁斯再次开口，打断了她的思绪，"其他原体，他们收到各自的命令了吗？"

"是的，大人，"英梅星回答，她的声音中带着难以掩饰的紧张："极限战士的基里曼大人传来的回答简洁有力。他们已经接近位于考斯的集结点，并报告称所有部队都整装待发。"

"洛加呢？"荷鲁斯问道。

英梅星犹豫了一下，仿佛不确定该如何遣词。

"他的信息带着一些残余的……傲气和顺从，非常强有力，近乎狂热。他确认了你的攻击命令，正在向考斯全速前进。"

英梅星为她无比强大的自控能力感到骄傲，作为星语者她必须严格压制情感，以免遭到亚空间的影响，但现在即便是她也无法遏制些许情绪的流露。

"有什么事情困扰你吗，星女士？"荷鲁斯仿佛读懂了她的心思一般。

"大人？"

"你似乎对我下达的命令感到困扰。"

"我没有资格感到困扰，大人。"英梅星不动声色地回答。

"没错，"荷鲁斯说，"你没有资格，但你依旧怀疑我的命令是否明智。"

"不！"英梅星高呼，"我只是无法忽视那些信息的本质，每一条都饱含鲜血与死亡的沉重意味。传送那些信息的时候，我仿佛在呼吸灼热火烟。"

"你必须相信我，星女士，"荷鲁斯说道，"相信我所做的每一件事都是为了帝国福祉。你理解吗？"

"我的职责不在于理解，"星语者低声回答，"我在伟大远征中的职责仅仅是服从战帅的意志。"

"的确如此，但在你退下之前，星女士，你还要告诉我一些事情。"

"何事，大人？"

"和我讲讲悠弗拉迪·奇勒，"荷鲁斯说，"和我讲讲他们所谓的那个圣人。"

看到洛肯·加维尔总是能让梅萨蒂·欧丽顿屏息凝神。披挂锃亮盔甲的阿斯塔特准备投入战斗的英武身姿已经非常令人震撼，但与之相比更甚的是另一个星际战士——比如洛肯——卸下盔甲之后的样子。

洛肯上身裸露，只穿着浅色的运动裤和战斗靴，他全身都是汗水，正在一个训练机仆的战斗臂之间辗转腾挪。虽然鲜有记述者能够有幸目睹阿斯塔特在战场上的英姿，但早有传闻说星际战士除了能够用爆矢枪和链锯剑杀敌之外，光是双手也足够杀敌。看着洛肯徒手把那个机仆一块块拆卸掉，梅萨蒂完全相信了这个传闻。她在那肌肉极度发达的宽厚躯体中看到了强大的力量，在那目光锐利的灰色双眸中看到了如此的专注，以至于开始思考自己为什么没有对洛肯感到排斥。他是个杀戮机器，他得到的改造和训练都在帮助他播撒死亡，梅萨蒂却无法控制地凝视对方，并用相机记录下了那英雄的身躯。

凯瑞尔·辛德曼坐在她旁边，歪过头来说道："加维尔的照片你还没拍够呐？"

洛肯一把将训练机仆的头颅扯下来，转身面对他们两人，梅萨蒂顿时感到一阵亢奋的颤抖传遍全身。与科治文明的战争早已告终，她很少得到与第十连连长交谈的机会。身为洛肯的纪实作者，梅萨蒂很清楚自己在涉及那场战争的资料方面遭遇了瓶颈，但最近几个月洛肯一直都倾向于独处。

"凯瑞尔，梅萨蒂，"洛肯一边说着，一边从他们身边走过，迈向私人军械室，"见到你们两个真好。"

"我很高兴能来，加维尔，"辛德曼说。首席宣讲者年事已高，梅萨蒂觉得辛德曼自从在复仇之魂号档案库的那场大火中死里逃生之后，似乎又苍老了很多。"非常高兴。梅萨蒂好心带我一起过来。我近日总感觉很疲惫，我的老骨头也不像以前那样健壮了。'时间的战车正在逼近。'"

"这是个引用？"洛肯问道。

"一个片段。"辛德曼回答。

"我最近很少遇见你们，"洛肯笑着对她说，"我是不是被一个更有意思的家伙取代了？"

"当然不是，"梅萨蒂回答，"但我们在战舰上的自由行动变得越来越困难了。你一定听说了马罗格斯特的命令。"

"是的，"洛肯说着拿起一块盔甲，又打开了一罐常用的研磨粉，"不过我没有留意具体内容。"

那粉末的味道让梅萨蒂回想起在这个房间里度过的愉快时光，那些记录伟大胜利与美妙奇景的时光，但她把怀旧之情抛到一边。

"我们被限制在自己的舱室以及避难所里。想去其他任何区域都需要得到许可。"

"谁的许可？"洛肯问。

她耸耸肩，"我不确定。那道命令上提到向狼神议庭办公室提交申请，但至今都没有谁得到过任何回复。"

"那一定很让人恼火。"洛肯的回答让梅萨蒂感到十分气恼。

"当然了！如果我们不能和伟大远征的战士们交流，就无法记录这场远征。我们很少能看到阿斯塔特，更不用说交谈了。"

"你不是来到我面前了吗？"洛肯指出。

"嗯，那倒是。和你共处的经历教会了我如何低调行动，洛肯连长。你现在独自训练也帮了我一个大忙。"

梅萨蒂察觉到洛肯眼中的伤痛，顿时后悔自己说出了那句话。之前洛肯经常和其他军官一起进行格斗训练。比如常带讥笑的赛迪瑞，他那双冷酷漠然的眼睛总让梅萨蒂联想到某种深海巨兽，还有耐罗·维帕斯，或是洛肯的四王议会兄弟塔瑞克·托迦顿，但如今洛肯在单独训练。这究竟是巧合还是刻意所为，她无从得知。

"无论怎样，"梅萨蒂继续说，"我们的处境很糟糕。没有人和我们交谈，我们也没法了解当前情况。"

"我们在准备作战，"洛肯说着，将手中的盔甲放下，直视她的双眼，"舰队正在向一处会合点前进。我们将与其他军团的阿斯塔特并肩战斗。这必定是一场复杂的战役。可能战帅仅仅是在谨慎行事。"

"不，加维尔，"辛德曼说，"事情远非如此，而且我足够了解你，所以知道你也不相信这种说辞。"

"是吗？"洛肯低吼着问道，"你觉得你那么了解我？"

"足够了解，加维尔，"辛德曼回答，"足够了解。他们在向我们施压，重重地施压。并不是所有人都能看到这一点，但事实如此。你也知道。"

"是吗？"

"伊格内斯·卡尔卡斯。"梅萨蒂说。

洛肯的刚毅神色顿时崩溃，他将视线转向一边，难以掩盖自己对卡尔卡斯殒命的伤感，那个暴躁诗人曾经受到他的庇护。伊格内斯·卡尔卡斯一直以来都是个麻烦人物，他敢于直言不讳地说出那些令人不快却无法回避的真相。

"他们说他自杀了,"辛德曼继续说着,他不愿因洛肯的悲伤而放弃,"但是我财没有遇到过另一个坚信整个银河都该仔细聆听他发言的人。他对发生在登机甲板的那场屠杀感到愤慨,于是他写了下来。他对很多事情都感到愤慨,他从不避讳讨论那些事。结果他死了,而且他并不是唯——个。"

"不只是他?"洛肯问道,"还有谁?"

"佩卓尼拉·维瓦,那个让人无法忍受的纪实作者。据说她比任何人都更接近战帅,而现在她也不在了,我可不认为她是回泰拉去了。"

"我记得她。但你说话该小心一些,凯瑞尔。你要表达清楚你究竟在暗示什么。"

辛德曼并没有被洛肯的目光所压倒,"我认为那些忤逆战帅意志的人正在遭受杀害。"

这位宣讲者是个瘦弱的老人,但此刻他毫无惧色地面对一个阿斯塔特,说着一些并不中听的话,梅萨蒂从未像现在这样为自己结识了面前的老人而感到骄傲。

辛德曼停了下来,让洛肯有足够的时间来驳斥自己刚刚宣称的事情,让洛肯提醒他们,帝皇之所以钦点荷鲁斯担任战帅正是因为只有他才能够坚守帝国真理。每个荷鲁斯之子都宣誓过上百次要用自己的生命向荷鲁斯效忠。

但洛肯什么都没说,梅萨蒂的心情骤然沉重。

"我读到过不计其数的类似情形,"辛德曼继续说,"比如在《乌尔南编年史》里。那些暴君所做的第一件事就是杀害所有开口反对暴政的人。印度尼西亚黑暗年代的大领主们做了同样的事情。听好了,恰恰是质疑声的消逝引发了冲突,现如今同样的事情正在这里重演。"

"你一直教导我保持克制,凯瑞尔,"洛肯说,"要仔细考虑度量自己的论点,不要急躁地擅加猜测。我们现在身处战局中,已经拥有足够多的对手,你没必要再来寻找新的敌人。这对你很危险,你只会自尝苦果。我不想看到你们任何一个人受到伤害。"

"哈!现在你开始对我说教了,加维尔,"辛德曼叹息道,"太多事情改变了。你不只是一个战士了,对不对?"

"而你也不只是一个宣讲者了?"

"我想是的，"辛德曼点点头，"宣讲者理应宣扬帝国真理，不是吗？宣讲者不该在其中寻找纰漏，不该散播谣言。但卡尔卡斯死了，而且还有……其他的事情。"

"什么事情？"洛肯问，"你是说奇勒？"

"或许吧，"辛德曼摇着头说，"我说不好，但我觉得那件事与她有关。"

"什么与她有关？"

"你听说了档案库里发生的事情吗？"

"悠弗拉迪身上发生的？是的，那里有一场火灾，她身受重伤，最终陷入昏迷。"

"我当时在场。"辛德曼说。

"凯瑞尔。"梅萨蒂带着警告的语气说。

"好了，梅萨蒂，"辛德曼说，"我知道自己看见了什么。"

"你看见了什么？"洛肯问。

"谎言，"辛德曼压低声音回答，"谎言成真：一个生物，某种来自亚空间的生物。不知怎么，我和奇勒用洛加之书召唤它跨越了异界之门。那是我的致命过错。那是……那是巫术，是多年以来我一直教导人们称其为谎言的巫术，但那个怪物真真切切地出现在我面前，正像我此刻站在你面前一样。它本该把我们都杀掉的，但悠弗拉迪和它战斗，而且活了下来。"

"怎么会？"洛肯问。

"关于这部分，我无法提供任何理性的解释，加维尔。"辛德曼耸耸肩说。

"好吧，你觉得发生了什么？"

辛德曼看了看梅萨蒂，对方显然希望他能就此闭口，但德高望重的宣讲者继续讲了下去，"昔日你用手中的枪毁灭了可怜的朱伯，但悠弗拉迪手无寸铁。她拥有的仅仅是信仰——她对于帝皇的信仰。我……我认为是帝皇之光将那怪物逐回了亚空间。"

听到凯瑞尔·辛德曼谈及信仰乃至帝皇之光，梅萨蒂再也无法忍耐。

"但是，凯瑞尔，"她开口道，"一定会有其他的解释。即便是发生在朱伯身上的事情也没有超越物理范畴。战帅本人告诉过洛肯，那个控制了朱伯的东西是来自亚空间的某种异形生物。我听过你的教导，关于思想如何会被魔法和迷信所扭曲，关于种种事物会让我们忽略现实。那就是帝国真理的关键所在。我无法相信宣讲者凯瑞尔·辛德曼居然不再相信帝国真理了。"

"何谓相信,亲爱的?"辛德曼带着惨淡的笑容摇了摇头,"或许相信本身就是最大的谎言。在很久以前,最早的哲学家试图解读天上繁星与脚下世界。其中一个人提出,宇宙被装在很多巨型水晶球体里,并由一架庞大机器操纵,如此便能解释星辰的运动。人们嘲笑他,说那样的机器如此庞大,又如此喧闹,任何人都应该能听到它的轰响。而那位哲学家只是简单地回答说,每个人一出生就被这隆隆喧嚣所包围,以至于彻底习惯了机器的声音,便完全听不到了。"

梅萨蒂坐在老人身边,紧紧抱住对方,她惊讶地发现辛德曼正浑身哆嗦,眼中噙满泪水。

"我逐渐能听到了,加维尔,"辛德曼用颤抖的声音说,"我能听到那些球体产生的音律了。"

梅萨蒂望着洛肯的脸,看到了辛德曼早已发现的睿智与正直。这位阿斯塔特一直以来接受的教育都声称迷信是文明国度的末日,只有帝国真理才是值得用生命捍卫的现实。

然而此时此刻,就在他眼前,这一切都开始崩坏。

"瓦尔瓦鲁斯被杀了,"洛肯最终说道,"故意被杀的,是我们的爆矢弹。"

"海克托·瓦尔瓦鲁斯?帝国军队指挥官?"梅萨蒂问道,"不是奥瑞厄斯人下的手吗?"

"不,"洛肯说,"是我们干的。"

"为什么?"她问。

"他想把我们……我说不好,他想把我们押上军事法庭,为……登机甲板的杀戮接受判决。马罗格斯特不同意。瓦尔瓦鲁斯也不退让,而现在他死了。"

"那么,是真的,"辛德曼叹息道,"反对者正在一个个死去。"

"我们还有一些人活着。"洛肯的话语中带着平静的坚定。

"那么我们就必须做些事情,加维尔,"辛德曼说,"我们必须搞清楚军团中到底发生了什么变化,并加以阻止。我们尚可抵抗,洛肯。我们有你,我们拥有真理,而且我们没理由不去——"

打断辛德曼话语的是训练室大门被撞开的轰响,以及沉重脚步的金属碰撞声。在难以置信的庞大阴影将梅萨蒂笼罩之前,她就意识到那是一个阿斯塔特。她转身看见穿着海绿色镶边白色上衣的马罗格斯特站在自己身后。作为战帅侍从，马罗格斯特被称为"扭曲者"，既是因为他城府极深，也是因为他的躯体被深重的伤势摧残得变形可怖。

他的面孔阴云密布，他身上仿佛流淌着怒意。

"洛肯，"马罗格斯特说，"这些是平民。"

"凯瑞尔·辛德曼和梅萨蒂·欧丽顿是官方记述者，我可以为他们担保。"洛肯站起身，平等地与马罗格斯特对话。

马罗格斯特的话语秉承着荷鲁斯的权威，梅萨蒂无法想象与这样一个人对峙需要何等的勇气。

"可能你还不了解战帅的命令，连长，"马罗格斯特说道，这友善而平淡的嗓音与两位阿斯塔特之间雷霆般的紧张局势形成鲜明对比，"这些文人墨客已经招惹了足够多的麻烦，你应该最明白这一点。我们不能容许任何搅扰、任何例外。"

洛肯和马罗格斯特面对面站着，梅萨蒂在一瞬间觉得连长几乎要向战帅侍从出手了。

"我们都在为伟大远征服务，老马，"洛肯咬紧牙关说，"没有这些人，伟大远征就无法取得胜利。"

"平民不会战斗，连长，他们只会追问和抱怨。当这场战争结束之后，他们大可记录任何他们想要记录的东西，当我们征服了一个世界之后，他们也大可去宣扬帝国真理。但直到那时，他们都算不上伟大远征的一部分。"

"不，马罗格斯特，"洛肯说，"你错了，而且你知道你错了。帝皇创造基因原体和星际战士军团，不是为了让他们盲目征战。帝皇展开远征收复整个银河，不是为了独裁。"

"帝皇，"马罗格斯特朝大门的方向招了招手，"离这里很远。"

十二名士兵走进训练室，梅萨蒂看到了帝国军队的制服，却发现他们的部队徽记和军衔肩章都被移除了。她还诧异地看到了一张带有金色眼睛的冷酷面孔——佩卓尼拉·维瓦的私人保镖。梅萨蒂想起对方的名字叫马迦德，他的体形壮硕简直令人难以置信，其高大身躯和虬结肌肉远超两旁的帝国军队士兵。他暴露在外的皮肤显露出新近愈合的伤痕，他的五官和洛肯类似，都比常人要宽大一些。马迦德在身着统一制服的士兵之中颇为显眼，而他的出现也证实了辛德曼的惊人推断，即佩卓尼拉·维瓦的失踪和她返回泰拉没有一点关系。

"把这位宣讲者和记述者带回他们各自的房间，"马罗格斯特说，"布置一些卫兵，确保他们不会再次违规。"

马迦德点点头，走上前来。梅萨蒂试图躲开，但对方动作迅捷且身体强壮。马迦德一把抓住梅萨蒂的衣领把她拖向门口。辛德曼自己站起身，跟随其他士兵走了出去。

马罗格斯特站在洛肯和大门之间。如果洛肯想要阻止马迦德及其手下，就必须要通过马罗格斯特这一关。

"洛肯连长，"辛德曼在被押着离开训练室的时候高喊道，"如果你想多了解一些，就再读一读《厄什编年史》吧。你会在其中找到启示的。"

梅萨蒂试着回望一眼。她越过马罗格斯特披覆长袍的身影看到了洛肯，那位连长如同一头困兽般蓄势待发。

训练室的门重重地关上，梅萨蒂停止了挣扎，任由马迦德把她和辛德曼一起押回了房间。

第二章

完美
宣讲者
我们的专长

　　完美。那些绿皮尸首便是佐证。深层轨道空间站 DS191 在一场无与伦比的战技演示中被攻陷，如同舞者彩扇一般展开的火力网相互交叠，冲锋上前的作战小队轻易屠戮了那些侥幸逃过枪林弹雨的绿皮。一支支小队，一个个房间，帝皇之子采用弗格瑞姆授予的完美技艺和优雅作风，将占据这座空间站的异形全数剿灭。

　　在麾下连队的战士们着手扫清苟活的绿皮时，索尔·塔维兹摘下了他的头盔，顿时因空气中的恶臭感到一阵反胃。种种迹象表明，绿皮已经在空间站中盘踞多时。主控室里黑色的金属立柱附上了一簇簇真菌，各种倍显粗陋的武器、盔甲和部族信物在指挥台旁堆成了一个个怪异的祭坛。在他上方，控制中心的透明穹顶展示着空间站之外的一片虚无太空。

　　卡利尼德斯星系在漫天星辰中清晰可见，这是遭受绿皮侵犯的帝国星系。夺回这座空间站的行动是帝国对卡利尼德斯星系解放战役的第一步，随后帝皇之子与钢铁之手军团很快就会前去围攻卡利尼德斯Ⅳ的敌军堡垒。

　　"真够臭的。"塔维兹身后的一个声音说道。他转身看到了卢修斯上尉，帝皇之子最优秀的剑客。这位同袍的盔甲上溅满了黑色液体，掌中那柄精良长剑的炽热锋刃噼啪作响，碧蓝的剑身还沾着绿皮血液。"那些见鬼的畜生，它们连安心倒地赴死都不会。"

　　卢修斯的面容曾经和弗格瑞姆的军团一样完美无瑕，然而大家多次戏谑地称他更像个娇生惯养的小孩子，而不是身经百战的斗士，再加上瑟伦娜·德·安吉路斯的影响，卢修斯已经开始为自己的面容添加伤疤，一道道完全相同的平行剑痕在他脸上整齐排列。没有任何敌人的刀刃在他面孔上留下过痕迹，因为卢修斯的技巧太过高超，区区敌人休想伤及他的相貌。

"它们确实很坚韧。"塔维兹同意道。

"它们就算很坚韧，但在战斗中没有一丝的优雅，"卢修斯说，"杀掉它们实在毫无乐趣。"

"你听起来很失望。"

"我当然很失望。难道你不是吗？"卢修斯一边问，一边将手中利剑刺入绿皮尸体，在后背上刻出一道弧线，"如果我们整天和这些劣等种族斗争，又要如何达到我们自身的完美？"

"不要低估绿皮，"塔维兹说，"这些野兽侵略了一个归顺世界，并且杀掉了我们安排的留守部队。我们无法理解它们的飞船和武器，它们似乎将战争视作某种宗教信仰。"

塔维兹转向最近的一具尸体——那庞大的家伙拥有古树般坚硬的皮肤，一双残暴的红色眼睛依旧圆瞪，突出的下颚还带着狂怒的狰狞。只有铺在身下的一摊肚肠表明它已经死了。塔维兹还记得用阔剑刺穿敌人躯体时剧烈晃动的武器，以及那野兽试图将自己压倒在地的惊人力量。

"照你的说法，我们好像要把它们研究透彻之后再干掉。它们只是畜生，"卢修斯嘲讽地笑着说，"你想太多了。这一直是你最大的毛病，索尔，这也是为什么你无法像我一样达到巅峰技艺。行了，简单地享受杀戮吧。"

塔维兹正要张口反驳，恰好看到艾多伦总司令踏入主控室，于是他将自己的话咽了下去。

"干得漂亮，帝皇之子！"艾多伦高喊。

作为弗格瑞姆的选民，艾多伦有幸担任原体身边屈指可数的几名幕僚之一，代表着军团战争艺术的最高水准。虽然塔维兹天生不会厌恶星际战士同僚，但他还是对艾多伦缺乏敬意。那个人的过度高傲与帝皇之子战士的身份并不相称，而两人之间的敌意在谋杀星球上与巨蛛怪的战争中更是变得愈发深重。

不管塔维兹有多么反感对方，艾多伦身上始终有一种不可忽视的权威力量，这种力量被总司令所披挂的华丽铠甲大大增强，那件铠甲上过于繁多的金饰已经让代表军团的紫色涂装难以辨认。"那些败类死得其所！"

帝皇之子战士们用一阵欢呼进行回应。这是军团的经典胜利：凶悍、迅猛、完美。

那些绿皮的命运早已注定。

"做好准备，"艾多伦高喊，"迎接你们的原体。"

军团劳工们把深层轨道空间站的货舱迅速清理干净，并将所有绿皮尸体移除，为这支参加卡利尼德斯战役的部队提供了一块集结区域。能够再次见到备受爱戴的原体让塔维兹心跳加速。军团已经有太久没能和他们的领袖并肩作战了。数百名帝皇之子以完美军姿立正待命，组成了一支紫金色的威武队伍。

然而无论他们有多么威武，都难以媲美那个身为他们父亲的超凡战士。

帝皇之子原体令人由衷地崇敬，他富有棱角的苍白面庞被飘逸白发所环绕。他的存在本身就令人迷醉，这位英武绝伦的俊美战士让塔维兹心中充满了热切自豪。弗格瑞姆生来就代表着战争的一个侧面，他所追求的是通过战斗而至臻完美，他以极度热忱投身此道，恰似摄影师对于绝佳照片的痴迷。他一侧的金色肩甲被塑造成了鹰翼造型，这是帝皇之子军团的徽记，也是军团荣耀的明确体现。

帝国鹰徽是帝皇的私人标志，而他将佩戴这一徽记的特权单独赐予了帝皇之子，这表明弗格瑞姆麾下的战士正是帝皇最为宠爱的军团。弗格瑞姆腰间佩有一把金质手柄的长剑，据传是战帅所赠的礼物，这毫无疑问地代表着他们之间深厚的兄弟情谊。

原体麾下的高阶指挥官们分立左右。艾多伦总司令、药剂师法比乌斯、牧师卡墨西安以及拥有巨型无畏机甲身躯的古战士瑞兰诺，这些军团的英雄都在弗格瑞姆的高大身材和无比魅力面前倍嫌逊色。

从即将完成训练的军团新兵中遴选出的一队旗手在弗格瑞姆身前排开，吹响手中的军号，用高昂的乐声宣告整个银河中最完美的战士已经驾临。集合于此的帝皇之子们用一阵雷鸣般的欢呼声和掌声欢迎他们的原体。

弗格瑞姆优雅地等待着掌声结束。塔维兹最大的愿望就是成为原体身边那个令人敬畏的金甲战士，即便他知道自己的命运早已注定，他是一名前线指挥官，仅此而已。但弗格瑞姆的存在让塔维兹心中充满希望，让他相信只要得到一个机会，他就必定能够超越自我。弗格瑞姆扫视着集结在他面前的战士们，他那双熠熠生辉的乌黑眼眸向他们每个人一一致意，这一举动顿时点燃了塔维兹胸中对于军团成就的骄傲。

"我的兄弟们，"弗格瑞姆高声说道，他的嗓音轻快而洪亮，"今天你们给了那些绿皮一个教训，让它们知道对抗帝皇之子会有怎样的下场！"

更多掌声在货舱中响起，但弗格瑞姆的声音轻松盖过了麾下战士的喧响。"艾多伦总司令将你们铸造成了一柄武器，一柄让那些绿皮无法匹敌的武器。完美、强悍、坚定：这些品质是军团的斩敌利刃，今天恰恰全部体现在了你们身上。面对我们的攻势，这座空间站已经回到了帝国的掌握之中，那些绿皮妄图死守的每一座空间站都是如此。目前时机成熟，我们就要发动对绿皮的致命一击，彻底解放卡利尼德斯星系了。我的原体兄弟，钢铁之手的费鲁斯·曼努斯将与我并肩作战，确保不再有任何一个异形能够在任何一寸属于伟大远征的土地上苟延残喘。"

军团战士们翘首以盼，等待与原体共赴沙场的命令。

"但诸位兄弟，你们之中的大部分人恐怕都不会亲临那片战场。"弗格瑞姆说道。塔维兹心中那沉重的失落感令人窒息，因为他本以为军团在奉命抵达卡利尼德斯星系的时候，他们会全力参与那场毁灭异形侵略者的战役。

"军团要一分为二，"弗格瑞姆继续说着，他抬起双手安抚众人，压下了方才话语所引发的惊呼和悲叹。"我会带领一小支部队前往卡利尼德斯Ⅳ，与费鲁斯·曼努斯和他的钢铁之手会师。军团的其余部队将在伊斯特凡星系和战帅的 63 号远征队会合。这是战帅的命令，也是你们原体的命令。艾多伦总司令会率领你们前往伊斯特凡，在我重新加入你们之前，他都将代替我负责指挥。"

塔维兹瞥了一眼卢修斯，在听到新的命令之后，那剑客脸上的表情令人捉摸不透。塔维兹自己心里五味杂陈：既有与军团原体分道扬镳带来的痛楚和失落，也有与荷鲁斯之子并肩杀敌带来的兴奋和期待。

"指挥官，请。"弗格瑞姆示意艾多伦上前。

艾多伦俯首致意，"战帅再次召唤我们协助他的军团作战。他知道我们技艺绝伦，而我们也乐于证明自己的超群水准。我们将去镇压伊斯特凡星系的一场暴乱，但我们不会单独作战。除了他自己的军团之外，战帅还决定调遣吞世者以及死亡守卫一同参战。"

这两支野蛮军团的名号在货舱里引起一阵低沉惊呼。

艾多伦轻笑着说："看来诸位还记得与兄弟军团阿斯塔特并肩作战的经历。我们都知道，在那些人手中，战争变成了一项阴沉枯燥的事务，所以我相信，这是一个向战帅展现帝皇选民战斗方式的绝佳机会。"

军团战士们再次欢呼起来，塔维兹很清楚帝皇之子愿意抓住任何机会在其他军团面前证明自己的战斗技巧和战争艺术。弗格瑞姆已经把大家心中的骄傲培育成了一种根深蒂固的品格，这种骄傲将军团的每一个战士都推向了旁人无法企及的高度。

在谋杀星球上，托迦顿一度称之为傲慢，塔维兹虽然一直试图说服对方摒弃这种看法，但此刻听着身边战士们自吹自擂的高声呼喊，他已经不确定自己的朋友究竟是否有所误解了。

"战帅命令我们即刻出发，"艾多伦在欢呼声中高喊，"虽然伊斯特凡并不遥远，但亚空间的状态很不稳定，所以我们必须抓紧时间。突击巡洋舰超越者号将在四个小时之内启程，向伊斯特凡进发。我们要前去扮演军团的使节，而当这场战役结束的时候，战帅想必就能目睹最为华丽的战争。"

艾多伦行了一个军礼，弗格瑞姆领头为他鼓掌，之后转身离开。

塔维兹倍感惊愕。规模如此可观的阿斯塔特军力鲜少动用，塔维兹明白无论他们要在伊斯特凡遭遇何种敌人，对方必定异常强悍。得以在战帅面前证明自我让塔维兹莫名兴奋，但未知的劲敌还是引发了一丝突如其来又挥之不去的不安。

"四个军团？"各个小队随即解散，着手准备与63号远征队集结的旅程，此时卢修斯提出的疑问与塔维兹的想法如出一辙，"就为了一个星系？这简直荒唐。"

"小心点，卢修斯，你逐渐变得傲慢了，"塔维兹指出，"你在质疑战帅的命令吗？"

"质疑？当然不是，"卢修斯戒备地说，"但是，拜托，就连你也应该意识到，这是杀鸡用牛刀。"

"或许是吧，"塔维兹承认，"但伊斯特凡星系既然发生了暴乱，那么它曾经一定是归顺的。"

"你的重点是？"

"我的重点是，卢修斯，伟大远征本应毫不停歇地前进和扩张，以帝皇的名义征服整个银河。但现在我们却总要调头回去填补漏洞。我只能推测战帅是打算利用这场战役杀鸡儆猴，让他的敌人们看看暴乱和反叛有何下场。"

"那些不知感恩的混蛋，"卢修斯怒斥道，"等我们把伊斯特凡收拾干净，他们非得乞求重新得到接纳不可！"

"我们用四个军团去镇压一个星系，"塔维兹回答，"等我们把伊斯特凡收拾干净，恐怕就没有多少残余的伊斯特凡人来让我们重新接纳了。"

"行了，索尔，"卢修斯迈步走到他前方，"难道和绿皮打的这场仗让你失去了对战斗的品位吗？"

对战斗的品位？塔维兹从来没有产生过这样的想法。他投身战斗，完全是因为他想要超越自我，想要在一切事情上追求完美。他全心全意地效仿军团中那些更具天赋、更有价值的战士，向来如此。塔维兹明白自己在军团中的位置，有自知之明是超越自我的第一步。

看着卢修斯傲气冲天地昂首前行，塔维兹想起了这位剑客同袍有多么热爱战斗。对于这种热爱，卢修斯不会有任何愧疚或歉意，在他看来，穿梭于敌人之间，用闪动的剑刃砍出一条血路是表达自我的最好方式。

"我只是有些担忧。"塔维兹说。

"担忧什么？"卢修斯转身看着他问道。

塔维兹可以看到对方脸上那仓促掩饰的厌烦。近来卢修斯那遍布伤疤的面孔上越来越多地出现这种表情，塔维兹悲哀地明白这位剑客想要在帝皇之子的军团阶级里向上攀登，那份自傲和野心将会终结两人之间的友谊。

"让我担忧的是伟大远征需要修补的事实。归顺曾经是故事的结局，现在不是了。"

"别担心，"卢修斯笑着说，"等到几个叛乱星球被我们杀个干净之后，一切问题就都迎刃而解了，伟大远征也会继续前进。"

叛乱星球……谁能想到这样一个词语的出现……

塔维兹什么都没说，他仔细考虑着将要集结在伊斯特凡星系的巨量阿斯塔特。只有数百名阿斯塔特在深层轨道空间站DS191作战，但超过一万名帝皇之子组成了这个军团，其中大部分都将前往伊斯特凡Ⅲ。这军力本身就足以控制数个战区。四个军团一同投入战场的念头让塔维兹不禁颤抖。

在四个军团踏过那个星系之后，伊斯特凡还能剩下什么？什么样的叛乱需要遭受此等惩罚？

"我只想要胜利。"塔维兹说，这话连他自己听着都十分空洞。

卢修斯笑了起来，但塔维兹无法分辨那究竟是认同还是讥讽。

对于凯瑞尔·辛德曼而言，被软禁在舱室里是最痛苦的折磨。他早已习惯了在3号档案库里查阅书籍，如今感觉无比失落。虽然以常人的标准来判断，他的私人藏书已经颇具规模了，但与那些在大火中焚毁的典籍相比，这只是九牛一毛。

辛德曼和悠弗拉迪·奇勒用洛加之书召唤出的那个亚空间邪兽究竟让多少无价或绝版的典籍毁于一旦？

宝贵知识的遗失让他无法忍受，辛德曼难以抑制地考虑着后世之人将会如何谴责他们。虽然他把自己曾经读过且尚能回想的书籍内容默写下来，填满了数千张纸，但是大部分都是支离破碎并缺乏关联的。辛德曼很清楚，自己绝无可能回忆起昔日读过的所有文字，但他根本无法就此放弃，正如他不能命令自己的心脏停止跳动一样。

对于子孙万代，辛德曼的遗产，以及这场伟大远征的遗产，就是银河中最伟大的思想者和战士的智慧结晶。以这样的智慧作为基石，谁能想象帝国终将达到何等惊人的高度？

辛德曼的笔尖在纸面上滑动，脑海里回忆着古希腊先贤的哲学作品，手下重现那些对神之本源的早期争论。很多人会认为记录先贤的思想并没有意义，但辛德曼明白，忽视过去必将导致未来重蹈覆辙。

他正在书写的字句对于虚伪神明进行了令人费解的描述，辛德曼现在已经知道，纵然自己不愿承认，但这种神秘传说是颇为接近现实的。在63-19星球的所见所闻已经让辛德曼的怀疑主义脆弱不堪，令他再也无法否认摆在面前的事实，那正是悠弗拉迪·奇勒一直在努力告诉大家的事实。

神是存在的，帝皇就是一个行走于凡间的神……

辛德曼停下笔，让这个极具分量的念头充满身心，像一块厚重毛毯将自己包裹起来。对帝皇神性的接纳给他带来了如此美好的温暖和慰藉，那仿佛是一枚灵丹，将这一年来困扰他的全部困苦彻底祛除。他微笑起来，手中的笔无意识地在纸面上滑动。

辛德曼惊讶地发现，他的笔正在自动书写。他低头检视纸上的文字。

她需要你。

冰冷的惧意将他攫住，但那恐惧刚刚涌现便随即平复，一种令人安定的信任和关爱填满了心胸。图像在辛德曼的脑海中浮现：威武强悍的战帅身披最新铸造的黑色板甲，胸前那枚琥珀巨眼如同熔炉中的煤块般闪耀着光辉。战帅的护手里伸出利爪，护颈中亮起红色光晕，将他的面容映射得犹如邪魔。

"不……"辛德曼喘息道，这可怕景象引发了一股摄人心魄又难以言喻的惊恐，但另一个景象又马上将其取代，展现出仰卧在病榻上的悠弗拉迪·奇勒。她的出现驱散了一切惊恐，辛德曼感觉到自己对那位美丽女士的爱戴充满心灵，如同一股最为纯净而美好的光芒。

就在辛德曼欢欣地露出微笑时，那景象突然暗淡下来，泛黄的利爪出现在视野里，开始撕扯悠弗拉迪的图像。

骤然显现的恶兆让他尖声惊呼。

辛德曼又一次低头检视纸面，如此简单的文字竟蕴含着如此紧迫的危机感。

她需要你。

某个人刚刚向他传递了一份信息。

圣人有难。

调动一个军团的全部力量——其中包括阿斯塔特、太空战舰、工作人员以及辅助军队——是一项无比艰巨的任务。而协调四个军团在同一时间、同一位置安然抵达则是一项不可能完成的任务：除了战帅本人。

复仇之魂号如矛头般修长而平坦的舰艇从亚空间里刺入实体宇宙，战舰配备的强大力场承受了跃迁的全部冲击，多彩变幻的散佚能量仿佛是一场烟花表演，强烈的电光在舰身上奔涌消逝。在太空深处，离伊斯特凡星系最近的那枚恒星熠熠闪烁，衬着漆黑的背景显得冰冷严酷。舰艇顶部的荷鲁斯之眼注视着前方，在战胜科治文明之后，整艘战舰都被翻修过，影月苍狼的骨白涂装被替换成了荷鲁斯之子那带有金属光泽的灰绿色。

不消片刻，另一艘战舰也出现了，它遵照其所属军团的鲜明风格，粗鲁而高效地切入实体空间。与复仇之魂号的极致优雅不同，新来者显得蛮横而丑陋，它的舰身被涂成枯燥的暗灰色，舰艏那枚黄铜骷髅标志便是仅有的装饰。这艘战舰是坚韧号，追随战帅行动的死亡守卫主力舰，它身后还有一群体形较小的护卫舰和巡洋舰。每一艘都是未经打磨的暗灰色，因为莫塔瑞恩的军团从不采用没有必要的装饰。

几小时之后，如军刀般强悍的征服者号脱离了亚空间，加入战帅旗下。闪耀着吞世者蓝白两色涂装的征服者号是安格隆的旗舰，它刚硬而粗壮的舰身映衬着吞世者原体那传奇般的狂暴天性。

最终，超越者号率领帝皇之子舰队加入了越发庞大的伊斯特凡突击大军。那艘紫金色的星船雍容华贵，与其说是战舰，不如说是一座太空宫殿。但这副外表颇具欺骗性，因为它的火炮甲板载满了各式武器，并配备了一批训练有素且誓死效忠的军团劳工。超越者号虽然有着近乎荒唐的奢华装饰，但是依旧是一件极其致命的战争兵器。

纵观伟大远征的历史，鲜有此等规模的军力集结于一处。

直至今日，唯独帝皇本人指挥过如此庞大的军队，但他此刻远在泰拉，这些军团唯战帅之命是从。

四个军团顺利会师，将目光投向了伊斯特凡星系。

昭示着复仇之魂号返回实体空间的高音喇叭正是凯瑞尔·辛德曼等待已久的行动信号。他用一张早已潮湿的手帕擦了擦自己的额头，接着站起身来向舱室的铁门走去。

他深吸了一口气让自己冷静下来，静待铁门开启，随即遭遇了两名士兵不怀善意的目光，他们浆洗的制服上找不到任何徽记或名牌。

"有事吗，先生？"其中一个高大士兵带着冷酷漠然的表情问道。

"是的，"辛德曼回答，他用熟稔的语调传递出温顺和蔼的态度，"我得去医疗甲板一趟。"

"你看起来没病啊。"第二个士兵说。

辛德曼轻笑着，伸出手搭在那个士兵的臂膀上，恰似一位慈祥的祖父，"不，生病的不是我，小伙子，是我的一位朋友。她病得很重，我向她保证会去探望她。"

"抱歉，"第一个士兵用毫无歉意的语气说道，"我们接到了阿斯塔特的命令，任何人都不能离开这个区域。"

"我明白，我明白，"辛德曼叹了口气，一滴泪水从眼角落下，"我不想麻烦你们，小伙子，但我的这位朋友，她就像是我的亲生女儿一样。你要知道，她对我非常重要，如果你们能让我哪怕只是看她一眼，都是帮了我这个老头子的大忙了。"

"恐怕不行，先生。"士兵说道。但辛德曼已经察觉出对方语气的软化，于是发动更为猛烈的攻势。

"她已经……她已经……没有多少日子了，而且马罗格斯特本人说过，我可以……可以最后再见她一面的。"

动用马罗格斯特的名号是一场赌博，但这是经过了筹算的赌博。这些人恐怕不会有什么正式渠道能够和战帅侍从取得联系，然而他们一旦决定上报，就会将辛德曼当场揭穿。

辛德曼压低嗓音，扮演着老祖父的角色，运用着他身为宣讲者的一切技巧——精准无误的音色、老朽衰弱的姿态、时刻保持的目光接触，以及与受众的情感交流。

"你有孩子吗，小伙子？"辛德曼伸出手挽住士兵的胳膊问道。

"是的，先生，我有孩子。"

"那么你就能明白我为什么一定要见她。"辛德曼步步紧逼，冒险采用更为直接的手法，期望自己对这两人的判断是正确的。

"你只是要去医疗甲板？"士兵问道。

"再远一步都不走，"辛德曼作出保证，"我只是想有个机会和她道别，仅此而已。行不行？"

两个士兵交换了一下眼色，辛德曼顿时明白自己已经骗过了他们，于是努力压制住脸上的笑容。第一个士兵点点头，他们让出一条路来。

"只去医疗甲板，老头，"那士兵说道，他填写了一张通行证，这能够允许辛德曼前往医疗甲板并安然返回，"如果几个小时之内你没有返回舱室，我就亲自把你拖回来。"

辛德曼点点头，接过那张递来的纸条，热情的和两个人握手。

"你们是好士兵，小伙子，"他的声音中充满感激，"好士兵。我一定向马罗格斯特汇报你们对一个老人的同情。"

辛德曼迅速转过身，以免他们看到自己脸上的释然，并匆匆穿过走廊前往医疗甲板。他在迷宫般的空旷战舰通道里穿行，喘着粗气的脸上挂着傻笑。舌灿莲花的辛德曼曾令整个世界拜服于他的雄辩之下，如今他却因为成功骗过两个头脑简单的士兵而欢欣不已。

真是伟人的没落。

"有任何关于瓦尔瓦鲁斯的消息吗？"洛肯问道。他正和托迦顿一起穿过征服展厅，向狼神议庭走去。

托迦顿摇摇头，"子弹碎裂得太严重了，就算当时开火的那把枪拿在我们手里，药剂师瓦顿也没办法将二者对应起来。确实是我们的子弹，但现在也只知道这么多。"

展厅里摆满了军团在一次次胜利中斩获的战利品，因为影月苍狼已经将数十个世界纳入帝国版图。一组壮丽的浮雕占据了整面墙壁，描绘着伟大远征初期战役中帝皇与荷鲁斯并肩作战的情景。帝皇手持长剑对抗身材纤细的蒙面异形，荷鲁斯则背靠父亲，手持爆矢枪扫射敌人。

在浮雕的远端，洛肯认出了几条带有锐利锋刃的异虫肢干，那些由金属结构与生物组织融合而成的肢体来自谋杀星球的巨蛛怪。这里的战利品只有少数是在荷鲁斯晋升战帅之后赢得的，大部分都源于影月苍狼的征战岁月，彼时军团尚未因战帅的伟大成就而更名为荷鲁斯之子。

"下面就要轮到那些记述者了，"洛肯说，"他们太喜欢提问题。其中一些可能已经被杀害了。"

"谁？"

"伊格内斯和佩卓尼拉·维瓦。"

"卡尔卡斯，"托迦顿说道，"该死，我听说他是自杀的，但我早该知道，他们总能找到办法下毒手。战士结社曾经提过要让卡尔卡斯闭上嘴，尤其是阿巴顿经常这样讲。他们不认为这是谋杀，阿巴顿似乎觉得这和在战场上干掉敌人没有什么两样。所以我决定和结社一刀两断。"

"他们说过要如何下手么？"

托迦顿摇摇头说："没有，他们只是说有必要这样做。"

"过不了多久，这些事情就会转到台面上，"洛肯说，"结社已经不再暗中行动了,很快将会有一场清算。"

"我们该怎么做?"

洛肯把视线移开,抬头仰望从展厅引向狼神议庭的高大拱门。

"我不知道。"他正说着,突然察觉到远处一个柜子后面有动静,马上示意托迦顿噤声。

"怎么了?"托迦顿问。

"说不好。"洛肯一边回答,一边在展柜间穿行,柜子里陈列着一柄柄来自某个古老封建帝国的闪亮利刃,以及军团消灭异形种族时缴获的各式奇特武器。他方才察觉到的身影属于一个阿斯塔特,洛肯随即辨认出了那人盔甲上的吞世者涂装。

洛肯和托迦顿绕过高大的核桃木展柜,发现一位满脸伤疤的阿斯塔特正全神贯注地凝视一柄巨型战刃,那是战帅本人从异形近卫手中夺下的。

"欢迎来到'复仇之魂'号。"洛肯说道。

吞世者从陈列的武器展柜上抬起头,转身面对他们两人。对方修长的面孔英气逼人,皮肤被晒成了古铜色,与他所属军团涂装的碧蓝和苍白两色形成鲜明对比。

"幸会。"他将手臂抬到胸前行了一个军礼。

"卡恩,吞世者第八突击连。"

"洛肯,第十连。"洛肯回答。

"托迦顿,第二连。"托迦顿点头示意。

"这地方,挺棒的。"卡恩环视四周说道。

"谢谢,"洛肯说,"战帅始终坚信,我们应该铭记敌人。我们如果轻易忘却,就永远无法学习进步。"

他指着卡恩方才注视的兵刃,"我们保存了持有这柄武器的异形尸体,就放在附近。它和坦克一样大。"

"安格隆也有不少战利品,"卡恩说,"都来自一些值得铭记的对手。"

"我们不该铭记所有敌人吗?"

"不该,"卡恩坚决地说,"深入了解敌人毫无裨益。唯一要紧的就是毁灭它们。其余都是干扰。"

"这才像吞世者该说的话。"托迦顿说道。

卡恩讥笑着抬起头，"你在嘲弄我，托迦顿连长，但是我早就知道其他军团是如何看待吞世者的。"

"我们当时也在奥瑞厄斯，"洛肯说，"你们是屠夫。"

卡恩微笑起来，"哈！这年头诚实的人可不多了，洛肯连长。没错，我们就是屠夫，我们擅长杀戮，对此也颇为自豪。我的原体不会为有一技之长而感到羞愧，所以我也不会。"

"想必你是来参加会议的？"洛肯希望转换话题。

"是的。我是原体的侍从。"

托迦顿扬起一侧眉毛，"这活儿可不轻松。"

"事实如此，"卡恩承认道，"安格隆对外交缺乏兴趣。"

"战帅认为这很重要。"

"我发现了，不过每个军团都有各自的运作方式，"卡恩笑着拍了拍洛肯的肩甲，"我也是个诚实的人，你们的军团广受爱戴，同时也招人反感。你们这帮家伙啊，优越感太强了。"

"战帅的要求很高。"洛肯说。

"我向你保证，安格隆也是一样，"卡恩说道，此时洛肯惊讶地在对方的话语中察觉到一丝疲惫，"帝皇知道有时候最好的行动方案就是放手让吞世者发挥专长，战帅也知道。否则我们就不会在这里了。你可能很厌恶那种事情，连长，但若没有我们这样的战士，伟大远征早就失败了。"

"那么我们只能求同存异了，"洛肯说，"我做不出你们擅长的事情。"

卡恩摇摇头，"你是一个阿斯塔特战士，连长。如果你需要杀掉某座城市里的全部生命来确保胜利，那么你也会照办的。我们永远不会在敌人面前退缩。每一个军团都明白，只不过吞世者愿意公开宣扬这一点。"

"但愿事情永远不会发展到那个地步。"

"不要对此抱太大希望。我听说对伊斯特凡Ⅲ的攻坚不会轻松。"

"你知道多少？"托迦顿问。

卡恩耸耸肩，"没什么具体的东西，都是谣言。他们说是一些跟宗教相关的玩意，术士和巫师，血红天空，亚空间怪物，都是些寻常的屁话。反正荷鲁斯之子也不会相信这种事。"

"银河是个复杂的地方，"洛肯谨慎地回答，"我们对其中所发生的事情一知半解。"

"我也逐渐这样觉得。"卡恩表示同意。

"银河在变化，"洛肯说，"伟大远征也在一起变化。"

"是的，"卡恩释怀地说道，"没错。"

洛肯正要问卡恩是什么意思，狼神议庭的大门突然打开了。

"显然战帅的会议马上就要开始，"卡恩说着，向两人躬身行礼，"我该到原体身边去了。"

"我们也该到战帅身边去了，"洛肯说，"或许我们会在伊斯特凡Ⅲ上再见？"

"或许吧，"卡恩点点头，迈步穿过千百场恶战的荣耀成果，"如果吞世者还能给伊斯特凡Ⅲ留下些什么的话。"

第三章

王座上的荷鲁斯
圣人有难
伊斯特凡Ⅲ

狼神议庭是复仇之魂号的新组件。此前战帅都在战略室里举行作战简报和战术讨论，但如今他需要在一个更为壮观的场合里召见群臣。这座由皮特·伊刚·莫马斯设计的宏伟厅堂工艺精妙，更加契合伟大远征统领这一尊贵地位，并将战帅置于其他军团指挥官之上。

宽大的旌旗从房间两侧垂下，大多数代表着军团的各个战斗连队，但还有一些是洛肯辨认不出的。他在一面旗帜上看到用颅骨堆砌而成的王座，那背后是从血海里升起的黄铜高塔，还有一面旗帜则描绘着苍白天空中的黑色八芒星。这些丑恶徽记的意义让洛肯困惑不解，他推测这些都属于战士结社，那个组织已经在军团中牢牢扎根。

荷鲁斯之子原体本尊高居于玄武岩王座上俯瞰众人，他远比建筑师所创作的壮丽作品更加伟岸。阿巴顿和阿西曼德站在原体一侧。两位战士都全副武装，阿巴顿穿着闪亮的加斯塔林终结者黑甲，阿西曼德则穿着灰绿色动力甲。

他们瞪着洛肯和托迦顿——在奥瑞厄斯战役进程中滋生的敌意已经无法掩饰。当洛肯直视阿巴顿的冷酷双眼时，他感到一阵深切的悲哀，因为他意识到四王议会的光辉理念已经彻底崩塌，无可挽回了。洛肯和托迦顿站在了原体的另一侧，四位战士都默然无言。

在一个被当地居民称为泰拉的星球上，洛肯曾与这三位战士并肩而立，向湖面上的月亮倒影立下誓言，要向战帅坦诚进谏，守护军团的灵魂。

那仿佛是很久以前的事了。

"洛肯，托迦顿，"荷鲁斯开口道，即便时过境迁，与战帅交谈依旧让洛肯深感荣幸，"你们今天的角色只是静观其变，向兄弟军团展示我们的坚定意志。你们明白吗？"

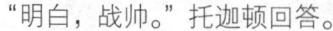

"明白，战帅。"托迦顿回答。

"洛肯？"战帅追问。

洛肯点点头，"明白，战帅。"

他能感觉到战帅用极具穿透力的目光凝视着自己，但他目不转睛地遥望着一扇通向议庭的拱门缓缓开启。沉重的脚步声随即传来，一个血红的死亡天使从门外阴影中浮现。

洛肯曾经见过吞世者原体，但此刻还是对那怪兽般的强悍存在倍感敬畏。安格隆体形庞大，与战帅等身高，但他粗壮的肩膀更显宽厚。他遍布伤疤的面孔流露着暴戾，双眼深陷在交错纵横的凶恶疤痕之间。丑陋的皮层植入装置嵌在他额头上，通过一丛管线与颈甲相连。那位原体身披造型古朴的青铜色战甲，一块块厚重金属板覆盖在锁甲之上，两柄链锯斧交叉在他背后，这形象恍如某个野蛮世界的战神。

洛肯听说安格隆被帝皇寻回之前曾是一个奴隶。他当时的主人将那些植入装置强行钉进他的头颅，将他化作角斗场中一个失心疯的杀手。

洛肯看着安格隆，他觉得完全能够相信这个传言。

安格隆的侍从卡恩站在原体身侧，脸上表情平静如水，纵然他主人脸上阴云密布。

"荷鲁斯！"安格隆用粗糙凶蛮的声音说道，"看来战帅像国王一样接见兄弟了。我是你的臣民吗？"

"安格隆，"荷鲁斯不动声色地说，"很高兴你能出席。"

"难道我愿意错过这次美妙的会议？怎么可能。"安格隆说道，他充满威胁意味的口吻恰似一座即将喷发的火山。

第二支人马从另一道拱门中走来，他们身覆帝皇之子的紫金色。在光辉夺目的艾多伦的率领下，一队佩戴闪亮长剑的阿斯塔特陪同总司令入场，每个人武器装备的华丽程度都不逊于他们的领袖。

"战帅，弗格瑞姆大人向你致意，"艾多伦谦逊而庄重地说道。洛肯看得出来，自从上次觐见战帅以来，艾多伦的外交技巧已经变得更为老练。"他向你保证，他的工作进展顺利，不久就会与我们重聚。我今日代表他出席，并暂时替他指挥军团。"

洛肯的目光在艾多伦和安格隆之间来回移动，两个军团相互的反感显而易见。帝皇之子和吞世者简直天差地别——安格隆的军团借助纯粹的猛攻取得胜利，而帝皇之子则在消耗敌军实力并将其蚕食的技艺上登峰造极。

"安格隆大人，"艾多伦躬身说道，"真是万分荣幸。"

安格隆并没有回应，洛肯看到这份侮辱让艾多伦神色僵硬，但在任何潜在的冲突爆发之前，最后一支代表团进入了狼神议庭。

死亡守卫原体莫塔瑞恩在战士们的簇拥中走来，那些终结者护卫身披未经涂装的暗淡盔甲。除了一侧肩甲上那代表死亡守卫的黄铜骷髅之外，莫塔瑞恩的盔甲同样缺乏装饰。他苍白病态的面孔遍布麻点，头颅光洁无发，厚重的颈甲遮盖着他的嘴巴和喉咙，并在他呼吸时喷出一股股灰色气体。

一名死亡守卫连长站在原体身边，洛肯认出了对方。当荷鲁斯之子还被称作影月苍狼的时候，内森尼尔·加罗连长就曾与他们并肩作战。这位出生于泰拉的连长有着不可动摇的荣誉准则以及率直诚实的为人，这让他在战帅麾下的军团中收获了很多朋友。

那个死亡守卫战士注意到了洛肯，向他微微点头示意。

"我们的兄弟莫塔瑞恩已经抵达，"荷鲁斯说，"大家都到齐了。"

战帅从居高临下的王座上起身，迈步走到议庭中央，大厅里的光线暗淡下来，一个明亮球体浮现在他头顶，紧贴天花板悬浮于半空。

"这个，"荷鲁斯说道，"就是伊斯特凡Ⅲ，由机仆操纵的无人机为我们绘制了一份地图。好好记住它，因为历史将要在这里铸就。"

乔纳·阿鲁肯暂停手中的工作，谨慎地确保四周无人注意，之后从制服口袋里掏出一个小酒瓶。装配甲板此刻熙熙攘攘，近日来似乎一直如此，但并没有人盯着他。在早年间，即便是最为见多识广的老兵也会驻足观看帝王泰坦整修备战的场景，但那些日子早已过去，战舰上的绝大多数人都见识了审判日整装待发迎接战斗的模样。

乔纳啜饮一口，抬头看着他的姑娘。

泰坦身躯表面布满了机械神教的机仆们尚未修复的伤痕和弹坑，乔纳充满爱意地拍了拍她厚重的腿部装甲。

"我的姑娘，"他说，"虽然你饱经风霜，但我一直爱你。"

人和机器相爱的念头让他笑了笑，然而乔纳有理由爱上任何一个像审判

莫塔瑞恩

日这样多次救过他性命的事物。他们携手经历了无法计量的战火，而无论泰塔斯·卡萨如何严辞抵制，乔纳都深知这充满荣耀的战争机械拥有伟大的心灵与灵魂。

乔纳又喝了一口，脸色酸楚地回想起泰塔斯和那些该死的布道宣讲。泰塔斯说自己能在心中感受到帝皇的光辉，但乔纳心里已经没有什么感觉了。

他虽然很愿意相信泰塔斯所宣扬的事物，却总是无法抛弃自己根深蒂固的怀疑主义。要相信一些不可见、不可知的事物？泰塔斯称其为信仰，但乔纳只能相信那些自己能够亲眼看到、亲手摸到、亲身体会到的事物。

如果乔纳在戴文星球参加过祈祷集会的事情被图奈特机长得知，那么他肯定会被逐出泰坦机组的，他想象自己在伟大远征剩余的日子里担任一名普通劳工，再也没有机会驾驭来自火星铸造厂的精良战争机械时，立刻打了个冷战。

每过几天，泰塔斯都邀请他前去参加一场祈祷集会，每次他都同意了，两人总是谨小慎微地钻到战舰上的某个荒废地点，去聆听人们宣读圣言录的章节。每次来回的路上，乔纳都满头冷汗，生怕自己被发现，那无疑会将他推上军事法庭。

自从他在战犬泰坦猎手上任职的那一天起，乔纳就再没有偏离过泰坦驾驶员的职责道路，他知道如果自己必须做出选择的话，他绝对会在审判日和圣言录之间选择前者。

但无论如何，泰塔斯或许是对的，这个可能性持续困扰着乔纳。

他背靠泰坦的腿部装甲滑坐在地，把膝盖抱在胸前。

"信仰，"乔纳低语道，"你赚不到，你也买不到。我要如何才能找到？"

"要我说，"他身后的一个声音从高处传来，"你或许可以先把酒瓶收起来，然后跟我走一趟。"

乔纳扭过头，看到身穿整洁制服的泰塔斯·卡萨站在泰坦腿部堡垒的入口拱顶下面，对方一如既往地英姿飒爽。

"泰塔斯，"乔纳匆忙将酒瓶塞回外套口袋里，问道："有什么事？"

"我们得马上出发，"泰塔斯急切地回答，"圣人有难。"

马迦德沿着复仇之魂号的阴暗通道大步奔行，那急不可耐的热切态度如同是前去参加一场令人欣喜的重逢。他壮硕的身体在过去几个月里稳步增长，仿佛患上了某种丑恶的急性巨人症。

但战帅麾下的药剂师们在马迦德身上实施的诸多工序远非丑恶。他的躯体在改变、成长、转化，已经远远超过卡皮努斯家族的低劣外科手术所能企及的成果。现在他已经可以感觉到体内的新器官在改造自己的血肉和骨骼，将他重塑为一个超乎想象的强悍存在，而且这还仅仅是个开始。

马迦德手中那柄出鞘的科里安剑在走廊昏暗的光线下散发着诡异的光芒。他穿着一件崭新的白色长袍，因为这不断增长的庞大身躯已经挤不进原先的盔甲里了。一旦他的身躯彻底完成种种演变，军团工匠们便可着手改造他的盔甲，而现在他很怀念甲胄在身那种踏实的感觉。

和他自己一样，他的甲胄也会重获新生，化作一件配得上战帅及其爱将的精良装备。马迦德明白，他现在还没有资格获得战帅的青睐，但他已经在荷鲁斯之子的阵营里拥有了一个特殊的位置。马迦德可以出现在阿斯塔特不该出现的地方，介入他们不能插手的事务，为他们挥出自己手里的刀刃，维持他们和平使者的形象。

这种工作需要一个特殊人才，一个行动高效且泯灭良知的人，而马迦德能够完美地胜任此事。他已经遵从卡皮努斯家族的指令了结过几百条性命，而在被那个家族俘获之前，他杀过更多人，但与他现在背负的死亡不同，那些都是卑微而低贱的杀戮。

他还记得马罗格斯特下令杀掉伊格内斯·卡尔卡斯，那次行动正是一个充满荣耀的开端。

马迦德还记得当时用枪口抵住诗人的下巴，一枪崩开了对方的头颅，他的脑浆飞溅在狭小房间的天花板上，肥硕身躯倒在了满屋飞扬的染血白纸里。

马迦德并不在乎马罗格斯特想要杀死卡尔卡斯的理由。原体侍从代表荷鲁斯的意志，而在戴文的战场上，马迦德已经向战帅献上了自己的剑刃，立誓以死效忠。

之后，战帅解决掉了马迦德的前任女主人佩卓尼拉·维瓦，无论是作为一份奖励，还是长远计划中的一步，为此马迦德将永远欠荷鲁斯一份人情。

无论战帅有何需要，马迦德都愿意为之赴汤蹈火。

现在，他奉命去做一件美妙的事情。

他要去杀掉一个圣人。

辛德曼紧张地用中指敲打着下巴，努力伪装成在这个区域工作的相关人员。身穿橙黄色制服的甲板海员和火炮军官交错往来，而辛德曼则静静等待着他的同谋。他手中紧握着士兵交给自己的那张通行证，仿佛它是某种神奇的护身符，能够为他在遭到质询的时候提供庇护。

"快点，快点，"宣讲者低语道，"你在哪儿呢？"

联系泰塔斯·卡萨十分冒险，但辛德曼也没有其他救星了。梅萨蒂并不相信圣言录，说实话辛德曼自己也不确定是否真的相信，但他明白无论是谁传递了那份关于悠弗拉迪·奇勒的画面，对方想必都希望他采取行动。他也不能去找加维尔·洛肯，那位星际战士必然会招来注意。

"宣讲者。"近在咫尺的一个声音低语道，让辛德曼吓得险些惊叫出声。泰塔斯·卡萨就站在辛德曼身边，那张修长面孔上带着热切神色。还有另一位同样穿着泰坦驾驶员蓝黑色制服的人跟在后面。

"泰塔斯，"辛德曼欣慰地长呼一口气，"我怕你不会来呢。"

"我们没有多少时间，图奈特机长很快就会发现我们擅离职守了。但你发给我的信息说圣人有难。"

"是的，"辛德曼证实道，"深重的危难。"

"你怎么知道？"第二个人质问道。

卡萨皱起眉头，"抱歉，凯瑞尔，这位是乔纳·阿鲁肯，是我在审判日的高阶驾驶员同事。他是我们的人。"

"我就是知道，"辛德曼说，"我看到了……我说不好……看到了一个画面，是她躺在床上，但我从心里知道有人想要伤害她。"

"一个画面，"卡萨轻叹一口气，"你果真是帝皇的选民。"

"不，不，"辛德曼低声说，"我真的不是。走吧，没时间讨论这个了，我们得马上出发。"

"去哪儿？"乔纳·阿鲁肯问。

"医疗甲板，"辛德曼亮出自己的通行证说，"我们要到医疗甲板去。"

大厅半空那个闪耀的球体愈发清晰，表面逐渐显现出大陆和海洋，以及精细的平原、森林、山脉以及城市。

荷鲁斯抬起双臂，仿佛由下向上托举着那个球体，恰似泰拉上古传说中的那位泰坦巨人肩负起整个世界。

"这就是伊斯特凡Ⅲ，"他重复道，"十三年前，我们的兄弟科拉克斯率领27号远征队将这个世界纳入版图。"

"他没把事情办好？"安格隆冷笑着说。

荷鲁斯用凌厉的目光瞪了安格隆一眼，"当时的确出现过一些抵抗，但激进阵营的所有残余力量都在瑞达斯山谷被暗鸦守卫剿灭了。"

球体上对应昔日战场的位置闪起了红光，那是伊斯特凡Ⅲ北部大陆的一片山脉地区。"当时泰拉议会尚未强制性地派遣记述者与每支舰队同行，但一个具有相当规模的平民团队被留在了这颗星球上，着手让帝国真理融入当地社会。"

"想必帝国真理没有被接纳？"艾多伦问道。

"莫塔瑞恩？"荷鲁斯向他的原体兄弟示意。

"四个月之前，死亡守卫接到了来自伊斯特凡Ⅲ的一个求救信号，"莫塔瑞恩说，"那个信号微弱而陈旧。我们之所以能接收到它，完全是因为一艘补给船在前往阿克图兰与舰队会合的途中，恰好脱离了亚空间进行临时维修。考虑到信号的衰减程度，以及它通过层层上报送到我手里所花费的时间，那很有可能是在至少两年前发出的。"

"那信号说了什么？"安格隆问。

全息投影球体应声铺展成片状，变成一块巨型屏幕悬浮在半空，几乎是漆黑无物，只有些许模糊的动静若隐若现。随后一个轮廓进入了屏幕显示的。弱的烛光照在她脸上，看起来她象是身处一个石壁环绕的狭小空间里。纵然图像非常模糊，但洛肯依旧能看出那个女人极度恐慌，她圆瞪双眼，急促喘息。她满脸都是闪亮的汗水。

"她领子上的徽记，"托迦顿说，"是27号远征队的。"

那个女人调整了一下她的录像设备，狼神议庭里顿时变得嘈杂不堪：火焰燃烧得噼啪直响，远处传来了喊叫声、还有枪声。

"这是暴动，"那个女人的声音被静电干扰所扭曲，"公开叛乱。那些人，他们……他们拒绝……拒绝这一切。我们试着帮他们融入帝国，我们以为那些战争歌者只是某种原始的……迷信，但远不是这样，那都是真的。普拉尔已经疯了，那些战争歌者都支持他。"

那女人突然转身看着屏幕范围之外的什么物体。

"不！"她绝望地尖叫着，用武器开火。枪口闪动的光芒照亮了她的脸，某种无法描述的物体在远处的石壁旁扭动，她将所有子弹都打到对方身上。"他们靠近了。他们知道我在这里，而且……我想我是最后一个了。"

那女人转回头看着屏幕，"这是疯狂，彻底的疯狂。我恐怕撑不过去了。求求你们，派人过来，至少……让这一切结束——"

一阵刺耳而单调的锐利尖鸣从屏幕传出。那女人紧紧抱住头颅，她的嚎叫被淹没在非人为的噪音中。最后一段影像变得模糊、断断续续，一帧帧可怖的画面在跳动：那女人充血的狂乱双眼，混杂一团血肉和碎石，大张的嘴巴与沾满鲜血的牙齿。

最后是黑暗。

"之后再没有任何来自伊斯特凡Ⅲ的通信，"莫塔瑞恩在静默中总结道，"那个星球上的星语者不是被控制了，就是死了。"

"那个名字'普拉尔'是指瓦杜斯·普拉尔，"荷鲁斯说，"他是远征队在伊斯特凡Ⅲ留下的帝国总督，负责确保星球臣服，并着手推翻当地原生社会的传统宗教结构。基于这段录像，如果他与伊斯特凡Ⅲ的暴动有所牵连，那么他就是我们的目标之一。"

洛肯想到要再次面对暴动的民众和叛变的帝国官员，不禁打了一个冷战。他瞥了托迦顿一眼，发现这个场景与戴文的相似性并未逃过同僚的双眼。

那个投影膨胀起来，重新变为伊斯特凡Ⅲ的概况。"伊斯特凡的文化和宗教中心位于此处。"荷鲁斯说道，影像立刻聚焦在一座北方城市上，它坐落于一片宏伟山脉脚下的广阔荒原中。

"圣歌城。这就是求救信号发出的地点，也是普拉尔的指挥部所在，那是一座被称为领唱者宫殿的建筑。若干先遣部队将负责夺取一系列战略目标，一旦我们控制了这座城市，伊斯特凡就唾手可得。首批突击力量将由各个军团的阿斯塔特共同组成，机械神教泰坦以及帝国军队负责提供协助。在亚空间的现有状态下，能够及时赶到的任何帝国军队援军负责攻陷星球的其余部分。"

"为什么不直接轰炸他们？"艾多伦开口道。他的问题在议庭中骤然引起一阵死寂。

洛肯等待战帅斥责艾多伦的莽撞质疑，但荷鲁斯只是随和地点点头，"因为这些人是害虫，如果仅仅从远处打击的话，总会有一些害虫苟活下来。既然我们要彻底解决这个问题，就必须亲力亲为，在突袭中将他们彻底毁灭。这可能不是帝皇之子所期望的优雅手段，但对我而言最重要的不是优雅，而是迅猛的胜利。"

"当然，"艾多伦说着摇了摇头，"难以想象这些人居然如此盲目，看不清银河的现实。"

"不必担忧，总司令，"阿巴顿说着，走下台阶站在战帅身边，"他们很快就会看清自己的谬误。"

洛肯迅速瞥了一眼第一连长，对方话语中的尊敬令人颇为惊讶。此前荷鲁斯之子与艾多伦之间发生的所有事都让洛肯相信，阿巴顿十分鄙视这位自大的总司令。

是什么变了？

"莫塔瑞恩，"荷鲁斯继续说道，"你的目标是打击圣歌城的主力部队。根据暗鸦守卫当年的作战经历，这些人应当是专业士兵，即便在阿斯塔特的攻势面前也不会轻易溃逃。"

全息投影将圣歌城放大，展现出一座宏伟都市，其中包含无数风格迥异的建筑，从雍容华贵的宅邸和教堂到一望无际的平民居所，还有层层堆砌的工业设施。布局精妙的街道穿插在这座层次繁多的城市中，数百万平民似乎大多容身于广阔的居住区、作坊和工厂中。

城市西部边缘被高亮标示出来，由地堡和壕沟组成的防御网络如同一片交错纵横的伤疤。圣歌城的后方紧贴在山脉峭壁——这道自然屏障有效地保护着城市，令其免受常规地面攻势。

但对于圣歌城而言不幸的是，战帅显然无意展开任何常规地面攻势。

"看起来一支规模可观的部队驻扎在这些防御工事里，"荷鲁斯说，"他们应当具备坚固的墙壁和强大的火力。这些工事中有很多是在归顺之后修建的，用以保卫伊斯特凡的帝国政府，这就意味着它们是帝国的手笔，所以会很结实。与这支部队交战并加以歼灭将是一项艰巨任务，再者我们对于圣歌城的军事力量还缺乏了解。"

"我欢迎这项挑战，战帅，"莫塔瑞恩说道，"这是我麾下军团的天然战场。"

全息影像转换了焦点，展现出一片壮观的拱廊和高塔，众多迷宫般的附属建筑围绕着一座打磨光洁的华丽圆顶。作为城市的辉煌冠冕，那座建筑如同一枚珠光宝气的胸针嵌在这杂乱的圣歌城中。

"领唱者宫殿。"艾多伦带着赞叹说道。

"你的军团将攻占它，"荷鲁斯说，"和吞世者一起。"

洛肯再次捕捉到了艾多伦投向安格隆的目光，总司令难以掩饰与那野蛮军团并肩作战所引发的反感。无论安格隆是否察觉到了艾多伦的鄙夷神色，那位原体都未作任何回应。

"那座宫殿是普拉尔最有可能出现的位置之一，"荷鲁斯说，"因此，领唱者宫殿是我们的重要目标。我们必须攻陷那座宫殿，毁灭圣歌城的领导层，处死普拉尔。他是个叛徒，所以我不希望他成为俘虏。"

最终，全息投影将领唱者宫殿东边的一片奇特石制建筑群放大。对洛肯未经训练的眼睛而言，它们看起来像是众多尖顶教堂或神庙，是千百年来逐渐累积交叠在一起的神圣建筑。

"这是妖鸣堡，我的荷鲁斯之子将会针对此处展开攻势，"荷鲁斯说，"圣歌城的暴动看起来是由宗教力量推动的，而妖鸣堡正是这座城市的宗教核心。参照科拉克斯的报告，这是古旧异教信仰的心脏所在，它本应早已被颠覆。我们推测那种信仰并未灭绝，而且其领袖就藏身于此。这也是普拉尔可能出现的另一个位置，因此我依旧不要求俘虏任何敌人，只需加以彻底毁灭。"

洛肯首次目睹了自己将要投身的战场。妖鸣堡的地形看起来易守难攻：庞杂的建筑群将整片区域变成一个令人眼花缭乱的兔子窝，层次复杂并存在大量隐蔽地点。这是个危险地带。

正因如此，战帅才派遣自己的军团来攻陷这里。因为他知道麾下精锐能够完成任务。

全息影像回到了星球总览。

"初步行动包括摧毁伊斯特凡星系外围第七颗行星上的监控站，"荷鲁斯说道，"在蒙敝掉反叛者的眼睛之后，我们就会展开对伊斯特凡Ⅲ的进攻。获选参加第一波攻势的部队将通过空降舱和炮艇进行部署，第二波攻势将待命支援。我相信你们都明白各自的军团有何职责。"

"我只有一个问题,战帅。"安格隆说道。

"讲。"荷鲁斯说。

"单单一次规模庞大的群体攻势足以完成任务,我们何必筹划如此周密的攻击?"

"你反对我的计划吗,安格隆?"荷鲁斯谨慎地反问。

"我当然反对,"安格隆厉声说,"我们拥有四个军团,我们手握可任意调遣的泰坦和星舰,而这只是区区一座城市。我们应该投放所有军事力量进行一次性的全面进攻,把整座城市剿灭干净。之后我们就能知道,这个星球上还有多少人胆敢继续反叛。但是,你却要让我们精挑细选地干掉敌人,单独处决他们的领袖,就好像我们理应小心翼翼地保存这个世界。那些民众从骨子里就是叛党,荷鲁斯。杀掉他们,暴乱才能结束。"

"安格隆大人,"艾多伦平和地说,"你的话出格了——"

"在你的上级面前闭好嘴巴,"安格隆咆哮道,"我知道你们帝皇之子是如何看待我们的,但你们把直率误认为愚蠢。如果你再擅自和我讲话,我就要你的命。"

"安格隆!"

荷鲁斯的声音驱散了现场逐渐加剧的紧张感,吞世者原体将他饱含杀意的目光从艾多伦身上移开。

"你不看重吞世者战士的生命,"荷鲁斯说,"而且你崇尚自己发动战争的方式,但这并不代表你能脱离我的管辖。我是战帅,伟大远征旗下的一切都由我统领。你的军团将依照我的命令进行部署,明白吗?"

安格隆快速地点点头,荷鲁斯则转向艾多伦,"艾多伦总司令,你在这里并不能与我们平起平坐,你能出席这场战争会议完全取决于我的慷慨和善意,如果你继续这种放肆行径,看起来像是弗格瑞姆在护着你,我的善意必将迅速消退。"

艾多伦立刻恢复镇定,"当然,我的战帅,我无意冒犯。我会确保我的军团为突击伊斯特凡星系外围以及攻占领唱者宫殿做好准备。"

荷鲁斯将目光转回到安格隆身上,后者低哼一声。

"吞世者将做好准备,战帅。"卡恩开口道。

"那么这场会议就此结束,"荷鲁斯说,"返回你们各自的军团,准备作战。"

各支代表团分别离开议庭，卡恩轻声和安格隆交谈，艾多伦则昂首阔步，仿佛在为刚才遭受的呵斥挽回颜面。洛肯依稀在莫塔瑞恩眼中看到了一丝笑意，随后死亡守卫原体也率领加罗以及终结者战士们离开了议庭。

荷鲁斯转身对阿巴顿说："给我准备一艘风暴鸟，送我去征服者号。安格隆需要明白该如何行事。"

荷鲁斯说完便在阿巴顿和阿西曼德的跟随下离开了狼神议庭，毫不理会洛肯和托迦顿。

"那还真有意思。"在所有人都离开之后，托迦顿说道。

洛肯疲惫地笑了笑："我能感觉到你希望安格隆对艾多伦出手。"

托迦顿也笑了起来，他回想起了自己与艾多伦在谋杀星球地表首次会面时险些拳脚相向的场景。

"真希望我们能和战帅一起到征服者号去，"托迦顿说，"那肯定值得一看。荷鲁斯教训安格隆。他们会说些什么呢？"

"是啊，会说什么呢？"洛肯回答。

洛肯有太多的事情都不清楚，但当他郁郁思索自己的无知时，突然想起了凯瑞尔·辛德曼在被马罗格斯特的手下带走之前喊出的最后一句话。

"塔瑞克，我们有一场仗要打，所以我希望你能让大家都做好准备。伊斯特凡Ⅲ的战斗肯定很艰难。"

"我明白，"托迦顿说，"妖鸣堡，那一座该死的破房子。一旦放任民众崇拜神明就会发生这种事情。"

"让维帕斯掌握局势。既然我们要进攻妖鸣堡，我希望能带上巫师小队。"

"当然，"托迦顿点点头，"有时候我觉得，我只能信任你和耐罗了。你要去干什么？"

"我有本书要读。"洛肯回答。

第四章

献祭
一个瞬间
保她平安

无论艾瑞巴斯走到哪里，阴影都跟随着他。若有若无的低语萦绕不去，种种难辨踪迹的隐形生物藏匿在他的影子里。此刻，那些低语幽灵从艾瑞巴斯身旁流窜出来，聚集到这个房间的昏暗角落中。这座石壁小屋参照戴尔弗斯的圣殿密室所建，那正是阿克舒布割开了艾瑞巴斯喉咙的地方。

位于复仇之魂号核心深处的这座结社圣殿低矮狭小，格外闷热，房间中央一个噼啪作响的火坑提供着光亮。跃动不已的火焰在墙壁上投下阴影。

"我的战帅，"艾瑞巴斯说，"我们准备好了。"

"很好，"战帅回答，"我们付出了巨大代价才走到这一步，艾瑞巴斯。我希望这是值得的，为了我们所有人好，尤其是为了你好。"

"当然如此，战帅，"艾瑞巴斯承诺道，他没有理会战帅的威胁，"我们的盟友很高兴终于能够与你直接对话。"

艾瑞巴斯低身俯视火坑，火光映射在他剃光的头颅上，也映射在染成了深暗猩红的盔甲上，那是怀言者军团最近启用的新涂装。艾瑞巴斯表现得非常自信，但他还是暗自犹豫了一下。与亚空间生物进行交涉向来不是什么简单的事情，他一旦让战帅大失所望，那么必定性命不保。

战帅的存在感占据了整座圣殿，他身上那套威武华贵的黑色终结者盔甲是铸造统领本人进献的。这份来自火星的礼物契定了荷鲁斯与机械神教之间的盟约，其颜色涂装与加斯塔林精锐的盔甲相同，但无论装饰还是力量都远超后者。琥珀色的荷鲁斯之眼镶嵌在胸甲正中以及双肩和躯干等部位，手指指节被手甲上长出的夺命锋刃所取代。

艾瑞巴斯从火堆旁拾起一本书，挺直身躯，崇敬地翻动着古老的书页，最终找到了一幅由纠缠徽记构成的复杂图形。

"我们准备好了。一旦献祭完成,我就可以展开仪式。"

荷鲁斯点点头说:"技师,过来吧。"

片刻之后,佝偻身躯,披覆长袍的瑞古拉斯技师便步入了战士结社。那位机械神教代表几乎完全机械化了,这是他所属组织的高阶成员身上的常见现象。在长袍之下,他的躯体由锃亮的青铜、钢铁和缆线组成。只有他所谓的面孔显露在外,上面安装着硕大的视觉器官和发声组件,帮助技师与旁人沟通。

瑞古拉斯领着瘦削的英梅星走来,她的步伐充满疑惧,双手不停挥动,仿佛在驱赶成群的苍蝇。

"这很不符合规章。"瑞古拉斯说道,他刺耳的声音就像一根锉动神经的铁线令人不悦。

"技师,"战帅说,"你代表机械神教出席。火星神甫对于伟大远征至关重要,因此必须成为崭新秩序的一份子。你已经宣誓带领麾下部队效忠于我,现在是时候让你付出那场交易的代价了。"

"战帅,"瑞古拉斯说,"我服从你的命令。"

荷鲁斯点点头,"艾瑞巴斯,继续吧。"

艾瑞巴斯从战帅身边走过,将目光投在英梅星身上。那个星语者早已目盲,然而当她感受到首席牧师的视线掠过自己的身体时,依旧惊惧地步步后退。最终她背靠住一面墙壁,却还在试图逃开,但怀言者毫不留情地握住英梅星的手臂,将她拖到火堆旁边。

"她力量强大,"艾瑞巴斯说,"我能品尝到。"

"她是我手下最棒的。"荷鲁斯回答。

"所以必须是她,"艾瑞巴斯说,"其中意义与她本身的强大力量同样重要。如果献祭者并不珍视祭品的话,那么就称不上献祭了。"

"不要,求求你。"英梅星意识到了怀言者言语所指,顿时哭喊着扭动挣扎。

荷鲁斯走上前来,温柔地扶着星语者的下巴,制止了她的抗拒并迫使她抬起头来,让英梅星的盲眼直视自己的面孔。

"你背叛了我,星女士。"荷鲁斯说。

英梅星呜咽着,她惊恐万分的双唇只能吐出模糊的抗辩。她试着摇头,但荷鲁斯紧握住她说道:"抵赖没有意义。我早已知晓一切。在向我讲述悠弗拉迪·奇勒的事情之后，你向某个人发出了一份警告，对不对？告诉我那是谁，我就让你活命。如果你试图抵抗，那么你死亡时的痛苦就会超出想象。"

"不，"英梅星低语道，"我的死亡已经注定了。我明白，所以不必劳神，杀了我吧。"

"你不愿把实情告诉我？"

"没有意义，"英梅星喘息着说，"无论如何你都会杀了我。或许你有能力来掩饰自己的谎言，但你身边的佞臣却不行。"

艾瑞巴斯看到荷鲁斯缓缓点头，仿佛很不情愿地作出了一个艰难抉择。

"那么，我们之间已经无话可说。"荷鲁斯哀伤地说着，抽回了臂膀。

接着战帅将带有利爪的护手狠狠捅进英梅星的胸膛，那些锋刃撕裂了她的心肺，伴着四溅的鲜血从她背后刺穿出来。

艾瑞巴斯向烈火点头示意，战帅将那具尸体悬垂在火坑上方，让英梅星的血液滴入火舌。

她的鲜血在火焰中嘶嘶作响，她临死之际那滚烫、鲜活而强大的情感充斥着整个房间：那是恐慌、痛苦，以及遭到背叛的惊惧。

艾瑞巴斯单膝跪地，在地面上画出与书中完全一致的图形：三个圆环所围绕的八芒星，一枚骷髅图案，以及寇齐斯的楔形符文。

"你之前做过这些。"荷鲁斯说。

"很多次，"艾瑞巴斯向火堆点点头答道，"我代表我的原体开口，他深受我们盟友的尊敬。"

"它们尚且不是盟友呢。"荷鲁斯说。他垂下手臂让英梅星的尸体从利爪上滑脱。

艾瑞巴斯耸耸肩，开始吟诵洛加之书的段落，他用粗哑的黑暗字句呼唤亚空间诸神派遣使节前来。

虽然火焰依旧明亮，整个房间顿显幽暗，艾瑞巴斯感觉到温度骤降，一阵刺骨寒风从某个捉摸不定的未知角落吹来。这股超自然的疾风裹挟着失落纪元与覆灭帝国的尘埃，承载着亘古无尽的永恒意味。

"这是正常的吗？"瑞古拉斯问道。

艾瑞巴斯微笑着，一言不发地点点头。空气变得愈发冰寒，那些隐形生物在莫名的恐慌中絮絮低语，因为它们察觉到某个古老而恐怖的存在即将驾临。纵然室内光源并无变化，阴影却在房间角落里迅速积聚，如鞭笞一般尖锐的恶毒笑声回荡起来。

瑞古拉斯伴着轴承的嘶鸣不断转动身躯，试图定位那声音的来源，他的视觉植入装置旋转不已，努力在黑暗中聚焦。众人头顶的横梁与管道渐渐覆上冰霜。

房间中的阴影开始齐声嘶鸣，一股毫无源头的庞杂语音从四周传来，但荷鲁斯屹立不动。

"你就是你们种族所谓的战帅？"

荷鲁斯看了一眼艾瑞巴斯，后者点点头。

"我就是，"荷鲁斯说道，"伟大远征的战帅。我在与谁对话？"

"我是萨凯尔，"那个声音说道，"阴影之主！"

他们三人在复仇之魂号中快步穿行，向整洁的医疗甲板前进。他们奋力赶往圣人身边，确保她不至陷入某种黑暗命运。辛德曼尽其所能地维持着迅猛步调，每一次喘息都带来尖锐的痛楚。

"等我们到了圣人那里，你觉得会遇见什么，宣讲者？"乔纳·阿鲁肯问，他的手指紧张地拨弄着枪套的皮扣。

辛德曼回想起与梅萨蒂·欧丽顿共同看护悠弗拉迪时，那座狭小医疗间里的气味，并在心中向自己提出了同样的问题。

"我不清楚，"他说，"我只知道我们得去帮她。"

"但愿一个瘦弱的老人和我们的两把手枪够用。"

"你是什么意思？"辛德曼问道，他们沿着宽阔的旋转楼梯遁入战舰深处。

"好吧，我只是在想，你究竟打算怎么对抗某种足以威胁圣人的危难。我是说，不管那到底是什么，肯定都相当危险，对吧？"

辛德曼停下脚步，让自己喘上一口气，同时回应阿鲁肯的质疑。

"无论是谁向我发出了警告，想必是因为我能帮得上忙。"他说。

"对你来说知道这点儿就够了？"阿鲁肯问道。

"乔纳，别说了。"泰塔斯·卡萨警告道。

"不，我就要说，"阿鲁肯说道，"这不是开玩笑的事情，我们有可能陷入大麻烦。我是说，这个叫奇勒的，她应该是圣人，对吧？那为什么帝皇不用神力来拯救她呢？为什么要派我们来？"

"帝皇指引他的忠仆，乔纳，"泰塔斯解释道，"我们不能只是心怀信仰，然后坐等帝皇的神圣拯救从天而降，把这个世界推上正道。帝皇已经向我们指明了面前的道路，而我们应该趁机执行他的意志。"

辛德曼看着两位泰坦驾驶员之间的交涉，此刻流失的每一秒都让他愈发紧张。

"我恐怕办不到，泰塔斯，"阿鲁肯说，"我看不到任何证据表明我们在做正确的事情。"

"我们确实在做正确的事情，乔纳，"泰塔斯针锋相对，"你必须信任帝皇的安排。"

"不管帝皇有没有给我安排什么，我自己可是有打算的，"阿鲁肯反驳道，"我想指挥一架泰坦，但是如果我们在做蠢事的时候被抓到，那可就没戏了。"

"好了！"辛德曼打断了两人的交谈，对圣人安危的担忧让他的胸口一阵痛楚，"我们得动身了！有些可怕的东西要去伤害她，所以我们必须加以阻止。我想不出任何更为迫切的理由了。抱歉，但你必须相信我。"

"我为什么要相信你？"阿鲁肯问，"你没有给我任何理由让我去相信你。我甚至都不知道我为什么要来。"

"听我说，阿鲁肯先生，"辛德曼诚挚地说，"当你像我这样度过了漫长且复杂的一生之后，你就会明白，其实一切都取决于某个瞬间——在那个瞬间里，人会彻底意识到自己究竟是谁。这就是那个瞬间，阿鲁肯先生。这究竟会成为一个让你自豪铭记的瞬间，还是一个让你懊悔余生的瞬间？"

两位泰坦驾驶员交换了一个眼神，最终阿鲁肯叹了口气，"我需要别人帮我理清头绪，不过好了，我们去拯救世界吧。"

一种宽慰心情流淌到辛德曼全身，他胸口的痛楚也迅速缓解。

"我为你骄傲，阿鲁肯先生，"他说，"我也非常感激你，你的帮助至关重要。"

"等到救下你们的圣人之后再谢我吧。"阿鲁肯沿着阶梯继续下行。

他们沿着这一长串旋梯穿过了若干层甲板，终于看到医疗甲板的标志，那是盘绕双蛇的翼杖徽记。自从复仇之魂号上一次接纳伤员已经过去了许久，这里的瓷砖墙壁和拉丝钢柜都洁净锃亮，冷冰冰的玻璃房间与实验室中空寂无人。

"这边，"辛德曼一头扎进那片迷宫般的走廊，他探访过身陷昏迷的摄影师很多次了，早已将路线熟记于心。卡萨和阿鲁肯紧跟在他后面，小心留意四周，以防有人前来质询他们此行的意图。三人最终走到了一扇平淡无奇的白门前面，辛德曼说，"就是这里。"

阿鲁肯说："最好让我们先进去，老头。"

辛德曼从门前退开，用手捂住自己的耳朵，两位泰坦驾驶员则掏出了各自的手枪。阿鲁肯俯身蹲在门边，向卡萨点点头，后者按动了开门的控制钮。

门刚一滑开，阿鲁肯便迅速起身冲了进去，将手枪指向前方。

卡萨紧随其后，他的枪口左右挥动寻找目标，辛德曼则等待着那震耳欲聋的枪击轰响。

然而什么都没发生。他睁开眼睛，垂下了捂着耳朵的手掌。他不知道自己是该高兴，还是该为来迟一步而恐惧。

辛德曼转身望向门里，发现他多次造访过的医疗间一如既往地干净整洁。悠弗拉迪像个人偶般躺在床上，肌肤如雪花膏般洁白，脸颊紧绷而凹陷。两个点滴瓶在为她注射液体，一台毕毕轻响的仪器在她身边的绿色显示屏上画着尖锐的折线。

除了依旧昏迷不醒之外，悠弗拉迪的样子与他上次所见毫无分别。

"我们确实应该火急火燎地跑过来，"阿鲁肯不悦地厉声说，"我们来得正好嘛。"

"我想你可能说对了。"辛德曼回应道，他看见那位生有金眸的马迦德在走廊远端现身，对方手中的细剑已经出鞘。

"我们知晓你的名号，战帅，"萨凯尔说，他变幻莫测的低语在房间中流窜，"据说你就是那个能够拯救我们的人。果真如此吗？"

"或许吧，"荷鲁斯回答，显然他对这个诡异无形的交谈对象不为所动，"我的兄弟洛加向我承诺，你的主人们能够给予我夺取胜利的力量。"

"胜利，"萨凯尔轻声回应道，"在浩瀚宇宙中，这是一个几乎没有意义的词语，不过的确如此，我们可以给予你无比的力量。只要你向我们宣誓效忠，那么任何军队都会一击即溃，任何凡人都将望尘莫及，任何野心都是易如反掌。"

"空口无凭，"荷鲁斯说，"给我展示一些实际的东西。"

"力量，"萨凯尔嘶声说道，他的话音如同一条毒蛇般在荷鲁斯周围涌动，"亚空间蕴含着力量。没有任何事物能够超出亚空间诸神的掌握。"

"诸神？"荷鲁斯回答，"你讲这些完全是浪费时间，我毫无兴趣。我知道你的'诸神'需要我的帮助，所以有话直说吧，否则我们就到此为止。"

"你们的帝皇，"萨凯尔答道，艾瑞巴斯依稀察觉到那生物嗓音中的一丝不安。这些存在并不习惯于面对凡人的挑衅，即便是基因原体这般强大的凡人。"他对自己并不理解的事物妄加干预。在你们称之为泰拉的星球上，他开展的宏伟计划在亚空间中引发了风暴，让亚空间由内而外地逐渐崩溃。我们毫不在乎你们的领域，这你很清楚。它对我们而言是禁区。我们愿意向你提供夺取皇权的力量，战帅。我们的帮助能够确保你击败所有敌人，直逼帝皇宫殿的大门。我们可以把整个银河交到你的手里。我们唯求他的暴行得到制止，并由你接替他的位置。"

那个来源莫辨的声音如同毒蛇嘶鸣一般，圆滑而充满诱惑，但艾瑞巴斯看得出来，荷鲁斯依旧不为所动。"这究竟是什么样的力量？你明白这项工作有多么艰巨吗？整个银河会一分为二，兄弟之间会自相残杀。帝皇手握他的军团，以及帝国军队、禁军和寂静修女。你们能够与这样的对手抗衡吗？"

"亚空间诸神是现实世界一切原初力量的主宰。无论你们的帝皇创造什么，亚空间都能加以腐化和摧毁。当他与我们交战时，我们会悄然消失，而当他积聚力量时，我们会从阴影中发动突袭。诸神的胜利就像时光的流逝与凡躯的毁坏一样不可避免。你们无从探索的整个亚空间不都在诸神治下吗，战帅？虚空变得幽暗无边不是诸神一念之间的结果吗？"

"这是你们诸神的手笔？为什么？你们让我的军团无路可寻！"

"必要之举，战帅。这片黑暗也遮蔽着帝皇的双眼，让他无从得知我们的以及你的计划。帝皇自诩亚空间之主，他利用亚空间来刺探对手，但看看我们是多么轻易地阻挠了他？你将在亚空间里畅通无阻，战帅，因为我们既能带来黑暗，也能带来光明。"

"帝皇对于这事态进展毫不知情？"

"一无所知，"萨凯尔叹息道，"战帅，如此一来你就能理解我们能够给予的力量了。只需你开口承诺，我们的契约就完成了。"

荷鲁斯一言不发，像是在权衡面前的选择，艾瑞巴斯能够察觉到那个亚空间生物的耐心在逐渐消失。

最终战帅再次发言，"不久我将派遣军团攻打伊斯特凡星系。在那里，我会带领麾下军团踏上崭新的远征道路。有些事务必须在伊斯特凡得到处置，而我会用自己的方式加以处置。"

荷鲁斯转头看着艾瑞巴斯说："当我离开伊斯特凡的时候，我会率领大军效忠你们的主人。但在此之前，我的军团将独自承受伊斯特凡的战火洗礼，只有如此，他们才能被铸造成直刺帝皇心脏的闪亮利刃。"

萨凯尔圆滑的嗓音发出汨汨嘶鸣，仿佛在剧烈喘息。

"我的主人们接受了，"他最终说道，"你作出了正确的选择，战帅。"

那个亚空间生物的话语所引发的刺骨寒风越发猛烈，其中蕴含的永恒恶意如同是无辜天性的彻底消亡。

那股冰风扫过艾瑞巴斯，让他猛吸一口寒气，随后那种感觉就迅速逝去，超自然的黑暗也逐渐退散，火光再次照亮了这个房间。

那生物就此消失，在众人灵魂深处留下一阵创痛。

"这是否值得，战帅？"艾瑞巴斯问道，他发出一声压抑许久的叹息。

"是的，"荷鲁斯俯视英梅星的尸体说，"值得。"

战帅转向瑞古拉斯，"技师，我希望铸造统领能够得知局势进展。我无法直接联系他，所以你要乘一艘快船前往火星。如果这个生物所言属实，那么你应该可以节约大量时间。凯尔博哈必须净化他的组织，做好准备加入我的崭新远征。告诉他，时机来临之际我将与他联系，而且我希望届时机械神教已经统一在他的领导之下。"

"当然，战帅。我等遵命。"

"不要浪费时间，技师，出发吧。"

瑞古拉斯转身离开，艾瑞巴斯说："我们等待这一天很久了，洛加将会非常欣慰。"

"洛加有他自己的仗要打，艾瑞巴斯，"荷鲁斯尖锐地回答，"如果他在考斯失败了，放任基里曼的军团介入战局，我们就会功亏一篑。把你的庆祝留到我登上泰拉王座的那一天吧。"

辛德曼看着佩卓尼拉的私人保镖向他们走来，感觉自己的心一下跳到了嗓子眼里。那家伙的每个步伐都如同死神的逼近，辛德曼暗暗咒骂自己花费了太久时间才赶到这里。他的拖延和磨蹭会害死圣人，而且很可能把他们几个一起害死。

乔纳·阿鲁肯看到那个圣人杀手的庞大身影后瞪圆了眼睛。他迅速转过身说："泰塔斯，把她拽走。快！"

"什么？"卡萨疑问道，"她身上连了这么多仪器，我们没法——"

"别跟我争论，"阿鲁肯嘶声说，"照我说的做，有人来了，不是什么好人。"

阿鲁肯又转过身看着辛德曼说，"如何，宣讲者？或许这就是你所说的那个瞬间，那个让我们发现自己究竟是谁的瞬间？果真如此的话，我已经后悔帮助你了。"

辛德曼无言以对。他看到马迦德已经发现三人站在悠弗拉迪房间门外，杀手脸上慢慢浮现的微笑让一阵冰冷恐惧在老人胸中蔓延。

"我会杀掉你们，"那道笑容仿佛在说，"慢慢地杀掉你们。"

"别伤害她，"辛德曼低语道，这怯懦声在他自己听起来都显得可悲，"求求你……"

他想要逃跑，想要远离那承诺着死亡剧痛的邪恶微笑，但他的双腿像灌了铅一样沉重，他被某种巨大的力量牢牢钉在原地，全身上下都动弹不得。

乔纳·阿鲁肯从医疗间中走出，泰塔斯·卡萨紧随其后，后者将悠弗拉迪那失去知觉的身体抱在怀里。连接在她手臂上的软管还淌着液体，辛德曼不由自主地凝视那些塑料软管末端，盯着一滴滴生理盐水逐渐膨胀，最终脱离管口坠向地面，砸落在甲板上四处飞溅。

阿鲁肯举起手枪，瞄准马迦德的脑袋。

"别过来。"他警告道。

马迦德根本没有放慢脚步，那死神般的微笑转向了乔纳·阿鲁肯。

泰塔斯·卡萨一直抱着悠弗拉迪的身躯，他步步倒退，远离那无情逼近的杀手。

"快点，该死的，"他嘶声说道，"我们走！"

阿鲁肯一把将辛德曼推向卡萨，打破了禁锢着老人的僵硬魔咒。马迦德距他们已经不足十步之遥，辛德曼明白，三人休想兵不血刃地离开这里。

"开枪打他。"卡萨大喊。

"什么？"阿鲁肯绝望地看了同僚一眼。

"开枪打他，"卡萨重复道，"在他杀死我们之前，先杀了他。"

乔纳·阿鲁肯将目光转回到不断逼近的马迦德身上，点了点头，接连扣动两次扳机。那声音震耳欲聋，整条走廊充满了灼目闪光。阿鲁肯的子弹在马迦德身后的墙壁上敲出两个大坑，瓷砖碎成粉末掉落在地。

枪声让辛德曼高声惊呼，他跟着泰塔斯·卡萨一起退却，马迦德则从一扇嵌入墙壁的门里闪出，他在阿鲁肯开火前的一瞬间就躲在了门后。马迦德拔出武器，连开三枪，枪口喷吐出猛烈的火光。

辛德曼惊叫一声将手臂护在面前，等待着子弹穿透血肉、撕裂内脏，然后在他后背炸出一个个鲜血四溅的弹孔。

但什么都没发生，辛德曼反而听到了乔纳·阿鲁肯的惊讶喊叫，后者和他一样面对马迦德手枪的轰鸣缩成一团。老人垂下手臂，面前的景象让他瞠目结舌。

马迦德还站在原地，用肌肉虬结的臂膀紧握手枪指向众人。

一团凝固的闪光以极其缓慢的速度从枪口扩散开来，辛德曼能看到一对子弹被禁锢在半空，只有旋转时产生的金属反光表明它们确实在运动。

他眼看着一枚黄铜色子弹的尖头逐渐从马迦德手枪的枪口里钻出来，辛德曼迷惑地转向乔纳·阿鲁肯。

那个泰坦驾驶员和他一样震惊，木讷地垂手僵立。

"见鬼了，这是怎么回事？"阿鲁肯轻声说。

"我——我不知道，"辛德曼结结巴巴地说着，他无法将视线从这静止的奇景上移开，"或许我们已经死了。"

"不，宣讲者，"卡萨在他们身后说，"这是个神迹。"

辛德曼转过身，整个躯体都感到麻木，只有心脏像是要撑开胸腔一样剧烈跳动。泰塔斯·卡萨站在走廊尽头，将圣人紧紧抱在胸前。之前悠弗拉迪毫无知觉，此刻她却在恐惧中瞪圆双眼，将右手伸向前方，那烙印在她掌心的鹰徽散发出一股柔和幽光。

"悠弗拉迪！"辛德曼大喊道，但话音未落对方的眼睛就开始翻白，手臂也垂落回身侧。宣讲者小心地看了一眼马迦德，那时刻他依旧被某种拯救了三人性命的力量冻结在原地。

　　辛德曼深吸一口气，迈着发软的双腿来到走廊尽头。悠弗拉迪躺在卡萨怀里，头颅紧贴着他的胸口，依旧昏迷不醒，她一年以来的不幸遭遇让辛德曼哭泣。

　　宣讲者伸出手轻轻地梳理悠弗拉迪的头发，她的皮肤触手滚烫。

　　"她救了我们。"卡萨说道，刚刚目睹的一切让他的声音充满了敬畏与谦卑。

　　"我想你说对了，小伙子，"辛德曼说，"我想你说对了。"

　　乔纳·阿鲁肯走到他们身边，用忧虑的目光凝视着马迦德和悠弗拉迪。他用手枪指着马迦德说道，"我们怎么处理他？"

　　辛德曼回头看着那怪物般的杀手，"别管他。我不会让圣人的手沾上他的血。如果圣人施展的第一次神迹就是杀戮，那么要如何面对圣言录？既然我们将以帝皇之名建立一个新的教会，就一定要弘扬宽恕，避免杀戮。"

　　"你确定吗？"阿鲁肯问，"这家伙可能还会追杀她。"

　　"那么我们就要把她藏起来，"卡萨说，"复仇之魂号上有很多圣言录的朋友，在她康复之前我们可以保护她。你说呢，宣讲者？"

　　"是的，那样最好，"辛德曼点点头，"把她藏起来，保她平安。"

第五章

黑暗千年
战争歌者

洛肯已经很久未曾踏入战略室了，自从狼神议庭竣工之后，这个地方便基本陷入荒废。况且，战士结社的成员已经通过某种渠道暗中传达了不成文的命令，让洛肯和托迦顿再难追随战帅左右，扮演军团仅存的良知。

战略室单独占据的平台高悬于熙熙攘攘的舰桥头顶，洛肯靠在护栏旁俯视下方，他看到复仇之魂号的船员都在忙碌工作，着手毁灭伊斯特凡星系的外围星球。

死亡守卫和帝皇之子的战士们已经步入沙场，此时此刻就在剿灭战帅的敌人。但洛肯无缘和同袍兄弟共赴危难，他盼望自己能站在那颗荒凉星球上，尤其是在托迦顿告知索尔·塔维兹也参与了战斗之后。

荷鲁斯之子与帝皇之子的上一次会面是在对抗科治文明的战争中，原体和战士们自上而地下巩固了两个军团间深厚的兄弟情谊。

洛肯甚是怀念与战友们齐聚一堂，畅谈过往战役与未来功勋的时光。在失去了那种手足般的纽带之后，洛肯才真正意识到自己从中汲取了怎样的慰藉。

他苦涩地笑了笑，低声说道："我居然怀念你那些'想当年'的故事了，亚克顿。"

洛肯从俯视舰桥的位置转身离去，小心翼翼地打开一张纸条，这是他在《厄什编年史》的脏污书页中找到的。

他重新阅读凯瑞尔·辛德曼于匆忙之间留下的字句，那位宣讲者的独特笔迹如同蜘蛛爬行一般。

"或许你连战帅都不可信任。去搜寻一座神殿，它应该藏匿在代表伟大远征灵魂的地方。"

洛肯牢记着辛德曼被马罗格斯特的手下押走之前所说的话，他从3号档案库焦黑的废墟里找到了这本书。那场大火让悠弗拉迪·奇勒陷入昏迷，也将档案库彻底吞噬，而至今大部分区域都还铺满灰烬。机仆和劳工试图挽救尽可能多的书籍，纵然洛肯并非嗜书之人，但那座知识宝库的覆灭依旧让他感到哀痛。

洛肯不费丝毫力气就找到了《厄什编年史》，那本书仿佛是特意留给他的。他翻开封面的时候便意识到确实如此，因为辛德曼的纸条从中滑落出来。

洛肯并不知道自己究竟在寻找什么，复仇之魂号上存在一座神殿的念头似乎荒谬可笑，但辛德曼请求他取回这本书以及这张纸条的态度极其严肃。

它应该藏匿在代表伟大远征灵魂的地方。

洛肯抬起头来观察战略室：供战帅主持简报的高大石台，昔日矗立着荷鲁斯之子荣誉卫士的壁龛，还有那黑钢铸就的拱顶。在昏暗之中，一面面模糊的旗帜从弧形墙壁上垂挂下来，分别属于荷鲁斯之子的各个连队。在直面第十连旌旗的时候，洛肯将拳头砸在胸甲上行礼。

如果有一个地方堪称伟大远征的灵魂，那么就只能是战略室。

战略室空荡寂静，这不仅体现着众人的离去，更代表着它荒废过时的现状。它已经被抛弃了，昔日铭刻于此的高尚理念同样被抛弃了，取而代之的是另外一些黑暗事物。

洛肯孤身站在战略室中央，感觉到胸口一阵痛楚，那是一种与身体状况无关的痛楚。过了一会儿他才意识到，事情有些不对劲，有某些不属于这里的事物——一种他无法辨别的气味，极其微弱但确实存在。

最终他确认那是一种带着苦味的熏香气味，一股熟悉的燥热微风正裹着脱水花瓣的酸楚气息扑面而来。他经过强化的感官能够分辨出熏香中混杂的种种细微成分，洛肯在战略室中徘徊，跟随着越发浓郁的香气去追踪其源头。他是在哪里闻到过这种气味？

那一种带着苦味的熏香将洛肯引到了塔苟斯特的第七连旌旗面前。会不会是结社领袖曾在战士结社的某场仪式上展开过这面旗帜？

不，单单依附在布料上的残余气息远不会如此浓烈。这是熏香燃烧所散发的味道。洛肯伸手掀起第七连的旌旗，不出所料地发现它背后并非战略室的钢铁舱壁，而是通向复仇之魂号庞杂通道网络的一个幽暗入口。

在四王议会成员依旧畅怀交谈的时候，这个入口就存在吗？他不这样认为。

搜寻一座神殿，辛德曼说过，于是洛肯俯身钻进连旗背后的通道，让旗帜落回原位。熏香的气味飘扬于此，毋庸置疑，这是新近焚烧的，甚至此刻都尚未熄灭。

洛肯突然意识到自己曾经闻到过这种气味，他的手顿时攥住战斗短剑的握柄，脑海里则回忆起了戴文，昔日正是这种味道充斥着小屋，萦绕在空气里，甚至穿透了呼吸面罩。

前方的走廊一片昏暗，但洛肯经过强化的视觉轻易穿透幽暗，辨认出一条新近修建的短小通道，末端是一扇拱门，周围的铁墙上铭刻着众多扭曲的符文。虽然那只是区区一扇舱门，洛肯却感觉到了无以言喻的惶恐，以至于在一瞬间他甚至考虑转身离开。

他摇摇头摒弃了这懦弱的想法，继续前行，然而他脚下迈出的每一步都让心中的不安越发深重。那扇拱门紧紧关闭，一个骷髅标志安放在眼睛的高度，洛肯发现仅仅承认它的存在就足以让自己感到不适，更遑论直视那标志。它的粗糙造型之中有什么东西在向洛肯心底的杀戮本能传来低语，向他讲述泼洒鲜血的狂喜与投身屠戮的畅快。

洛肯将目光从狞笑的骷髅上移开，抽出他的战斗短剑，努力压制住打算将门后任何活物都一刀捅穿的强烈冲动。

他把门推开，跨了进去。

内部的空间很宽敞，这本是一间维修室，经过清理改造之后恍若地底石穴。两排石凳面向远端舱壁排列开来，墙上涂画着毫无意义的符号与文字。一个个骷髅头悬挂在屋顶，空洞的眼窝投来凝视，裸露的牙齿狞笑不已。当洛肯经过时，它们微微晃动起来，眼窝里冒出缕缕轻烟。

一张低矮的木桌靠在墙边。刻在桌面上的碗状小坑中有一些暗色残渣，他能闻出来那是干燥的血液。小坑旁边躺着一本厚重的书。

这就是一座神殿吗？洛肯还记得耳语山脉那座神殿水池周围散落的玻璃容器。

这个地方和63-19星球上的那座神殿看起来不一样，但感觉上一样。

他察觉到空气中的突然骚动，如同近在咫尺的耳语，洛肯猛地转过身，用战斗短剑横扫前方。

但这里别无旁人，方才那种耳旁低语的感觉无比真实，他几乎可以用性命发誓，刚刚有个人就站在自己身旁。洛肯深吸一口气，在房间中缓缓走了一圈，将剑刃抬在身前，时刻保持警惕，以防那个神秘的低语者突然现身。

一捆捆被撕扯过的东西堆放在长椅旁边，他向那张桌子走去——并随后意识到它是个祭坛——上面躺着那本他先前注意到的大书。

书籍的皮制封面陈旧而裂开了，布满了烟熏火燎的黑色痕迹。

洛肯俯身检查那本书，用刀尖挑开封面。书页上的文字纵向排列，棱角分明。

"艾瑞巴斯。"洛肯辨认出这字体与怀言者头颅上的刺青如出一辙。难道这就是辛德曼在档案库爆发火灾之后一直絮絮念叨的洛加之书？那个宣讲者声称，正是这本书释放了某种亚空间怪物，而又是那怪物引发了大火，但洛肯眼中看到的只是一些文字。

文字能有什么危险？

就在这个念头浮现的时候，洛肯眼睁睁地看着那些字迹变得越发模糊。怀言者用未知语言所书写的种种符号扭曲起来，逐渐变成了科索尼亚语的尖锐字体，之后又旋转着化作帝国哥特语的优雅文字，以及其他数千种洛肯从未见过的语言。

他眨眨眼，驱散掉一阵突如其来的莫名眩晕。

"你在这里干什么，洛肯？"一个熟悉的嗓音在他耳边问道。

洛肯猛然转身，却依旧没有看到对方。这座神殿还是空无一人。

"你竟敢背叛战帅的信任？"那个声音又发话了，这一次带着些许分量。

洛肯终于认出了那个声音。

他缓缓转身，看到托迦顿站在祭坛前面。

"卧倒！"塔维兹大喊，密集的枪弹从他头顶掠过，在伊斯特凡的荒凉土地上迸起灰白色的爆炸尘埃。"福格瑞恩小队，跟我上。其他小队就位，等待信号！"

塔维兹起身向最近的弹坑冲去，他知道福格瑞恩军士的小队就跟在自己身后。伊斯特凡人在星系外围设立的监控站前面交织着一片枪林弹雨，那座形如人体器官的高大建筑由众多塔楼、拱顶和天线组成。它借助巨型钢爪固定在荒芜的坚石上，表面覆满了晶莹冰雪和洁白粉末。

伊斯特凡星系的太阳只是一个稍稍越过地平线的暗淡圆盘，为所有物体打上一层冷冽的蓝色光辉。自动炮塔朝不断紧逼的帝皇之子倾泻着火力，两百余名阿斯塔特则聚拢成经典的突击阵形，向监控站东部入口的防爆门发起冲击。

伊斯特凡星系的外围星球有着不可忽视的稀薄大气，寒冷且致命；只有星际战士能够借助与外界隔离的盔甲展开地面攻势。

塔维兹滑到弹坑里，炮塔的火舌在他身边啃下一块块灰色碎石。福格瑞恩军士率领部下高举盾牌抵挡住敌人的炮火，迅速在塔维兹两翼集合。福格瑞恩与其麾下小队已经并肩奋战多年，这些老兵只有在最为严苛残酷的战场上才能找到真正的归属感，塔维兹知道自己身边的战士在整个军团中都堪称出类拔萃。

"看来他们有所准备喽？"福格瑞恩问道。

"敌人一定明白我们要回来让他们重新归顺，"塔维兹说，"鬼知道他们为此准备了多久。"

塔维兹从弹坑的边缘向外窥探，看到身着紫色盔甲的身影在大门前方分散开来，各就各位。这正是帝皇之子的战斗手法，他们善于从一系列位置上发动配合默契的完美攻势，让一支支小队像棋子般在战场上交错前进。

"死亡守卫的加罗连长报告，他已到达指定位置，"艾多伦的声音在通信网络中响起，"让他们见识一下究竟何谓战争！"

死亡守卫接到的任务是攻陷监控站西部入口，塔维兹微笑着想象老朋友加罗将如何带领部下直面炮火迎头推进，用无情的决心而非精妙的战术取胜。"我们各自为战。"他一边想着，一边抽出阔剑。

那种生硬战术绝非帝皇之子的风格，因为战争不仅仅是杀戮，更是一门艺术。

"塔维兹和福格瑞恩就位，"他报告道，"全员待命。"

"行动！"指令随后下达。

"你们听到艾多伦大人的话了，"他高喊，"帝皇之子！"

听着身边战士们的怒吼，塔维兹和福格瑞恩冲出弹坑，支援小队的枪弹从他们头顶掠过。一场完美的演出拉开序幕，他麾下的每一个单位相互配合，重武器小队轰击敌军火力点，突击小队迅速向前推进，战术小队寻找合适位置提供火力掩护。

安装在入口拱顶表面的防御炮台突然爆炸，将成串的殉爆弹药抛入半空，拱顶在零度以下的低温中燃起熊熊火光，让大批破碎残骸四处横飞。

一枚火箭弹从塔维兹身边掠过，击中防爆门，在厚重金属表面留下一个喷薄烈焰的焦黑弹坑。第二枚飞弹接踵而至，随后是第三枚，防爆门顿时向内塌陷。塔维兹看到艾多伦的金色盔甲在这星球的冷冽阳光中熠熠闪耀，总司令挥舞着一柄强悍的战锤，蓝色的能量弧在锤头上腾跃舞动。

战锤重重砸在防爆门的残骸上，迸发出闪电般的蓝白色强光，金属门顿时在一阵雷霆轰鸣中踪影全无。艾多伦一马当先冲入监控站，这是他至高军阶所应得的荣耀。

塔维兹跟随着艾多伦的脚步，低头钻进残破的门框。

监控站内部一片昏暗，只有恶战之中闪动的枪口和断裂的电缆提供着微弱照明。温暖空气从破损大门中迅速涌出，白色蒸汽在众人身边翻滚飞旋，塔维兹的强化感官穿透了黑暗，让他头一次看到敌人的模样。

对方的黑色盔甲配有硕大的能量背包，并通过缆线与他们的重型步枪相连。敌方甲胄上镶嵌着银色的卷曲图案，或许只是装饰，抑或是某种电路。

他们的面孔被彻底遮盖，一侧眼睛的位置安装了红色护目镜。足有上百名敌军战士挤在拱顶里，用破损的机械和家具当作掩护。那些身着盔甲的士兵组成了一道坚实防线，在艾多伦和帝皇之子刚刚现身之后便立刻向入口通道开火。

红色激光从伊斯特凡士兵的阵线上疾射而出，将房间笼罩在一阵横向倾泻的赤红暴雨中。塔维兹被击中了三次，分别位于胸甲、胫甲以及头盔，他的感官顿时被一阵静电噪音所淹没。

福格瑞恩在他前方不断前进，用盾牌抵挡着密集激光。艾多伦从阵线中央席卷而上，战锤的每一次凶猛挥动都夺走若干伊斯特凡士兵的性命。一具尸体从半空飞过，那残躯一片狼藉，四肢在战锤的强大冲击下断折粉碎。敌军势头明显减弱，帝皇之子则发动冲锋，用相互重叠的爆矢枪火力网将伊斯特凡士兵的掩体撕成碎片，让专攻近身格斗的战士们突入防线缺口，用链锯剑展开血腥的杀戮。

塔维兹举起爆矢手枪点射那些来回穿梭的黑色身影，其中一人被射中喉咙,巨大的冲击力让对方原地打转。福格瑞恩小队在敌军掩体的残骸后面就位,用填满整个拱顶的子弹为艾多伦及其护卫提供火力掩护。

塔维兹用枪弹和剑刃凶狠且高效地杀戮着敌人,这正是弗格瑞姆麾下战士应有的表现。他刺出的每一剑都是无可挑剔的夺命攻击,迈出的每一步都精准而完美。枪弹从他的层叠装甲上弹开,战场火光照亮他的头盔,将他化作一位古老传说中的威武英雄。

"我们已经夺取入口拱顶,"艾多伦高喊道,最后几名伊斯特凡士兵被他身边的阿斯塔特迅速歼灭,"死亡守卫报告称他们在内部遭遇了顽强抵抗。炸开那道门,我们去替他们完成工作。"

携带爆破装置的战士冲上前来,摧毁那道通向建筑内部的铁门,塔维兹能听到沉闷的爆炸声从大门彼端传来,甚至盖过了烈火与枪弹的嘈杂响动。他垂下手中阔剑,利用战斗间歇来观察周围环境。

一具尸体躺在他脚边,那个人的黑色盔甲已经破损不堪,遮挡脸部的面具也被劈作两半。宝石般的冻结血滴散落在周围,塔维兹俯身将那碎裂面具扯下。

此人的皮肤上布满了精细的黑色纹身,那盘旋图案与他盔甲上的银色线条颇为相似。一只空洞暗淡的僵死眼睛凝视上方,塔维兹不禁猜想究竟是什么力量能够迫使这个人背弃了效忠帝国的誓言。

塔维兹未能找到答案,因为伴随一声闷响,通往建筑内部的铁门被击穿了。他把这个死者抛诸脑后,跟随高举战锤的艾多伦冲入了中央拱顶。塔维兹和同僚们并肩前行,心中清楚地知道,伊斯特凡人的一切招数都难以匹敌阿斯塔特的力量,对方的任何武器都休想抗拒帝皇之子的意志。

塔维兹与众多战友一头扎进了铁门爆破时扬起的尘土和烟雾,他盔甲配备的自动感应系统暂时失效。

之后他们便穿过烟尘,闯入了这座伊斯特凡建筑的心脏。

塔维兹骤然停下脚步,他意识到关于这座建筑的情报是完全错误的。

这不是监控站,这是一座神殿。

托迦顿的脸干枯惨白,一枚火苗般的黄色眼睛周围散布着脓疱和伤疤。一颗颗尖牙在没有双唇的嘴里泛着金属光泽,两道相同的伤痕撕开了他的面孔。他的额头上刺着一个八芒星，那精美的黑色盔甲上也铭刻了相似的金色徽记。

"不。"洛肯从那可怕的恶灵面前退却。

"你私闯禁地，洛肯，"托迦顿嘶声说道，"你犯下了背叛的罪行。"

一股掺杂了死亡气息的燥热狂风携带着托迦顿的言语迎面扑来，将洛肯笼罩在尸体焚烧的恶臭中。在他吸入那有毒的气息之后，一幅破碎的高原幻景顿时出现在洛肯面前，那辽阔无边的废土上堆放着无数锈蚀机械，如同灭绝怪兽的森森骸骨。远方天际的一座巢城像花朵般绽放，从那熊熊燃烧的残破花瓣之中，一座伟岸的黄铜高塔拔地而起，径直刺入饱受污染的云朵。

头顶上的天空烈焰纵横，黑暗神祇的笑声隆隆回响。洛肯想要尖叫，这灭世幻景比他此生目睹的一切事物都更为可怕。

这不是真的。这不可能是真的。他不相信幽灵和幻象。

这个念头给予了他力量。洛肯将自己的心灵从那垂死世界上扯开，眨眼间便翱翔于银河之中，在繁星间游走。他看着点点光明逐一湮灭，闪亮的恒星物质流淌到太空之中。一团阴森的红色星体居高临下地凝视着他，恰似一枚喷吐火舌的可怖巨眼。硕大无朋的怪兽和遮天蔽日的舰队从那巨眼之中蜂拥而来，化作一股无尽洪流，将整个宇宙淹没在鲜血的浪潮里。熊熊烈焰组成的海洋从血潮中升腾而起，将面前的一切尽数吞噬，所过之处只剩下焦黑荒芜的废土。

这是狂人幻想中的地狱吗，是负罪之人前去受苦的毁灭与混乱之国度吗？洛肯强迫自己回忆起《厄什编年史》里的荒谬描述，回忆起那些由黑暗信仰造就的邪异幻景。

"不，"托迦顿的声音说，"这不是疯子的幻觉。这是未来。"

"你不是托迦顿！"洛肯怒吼道，试图将那耳语声逐出脑海。

"你正在目睹银河的寂灭。"

在那股从猩红巨眼深处涌出的洪流中，在那无尽的烈焰与疯狂中，洛肯看到了荷鲁斯之子战士，他们身披黑色盔甲，周围是癫狂跃动的异变生物。阿巴顿位列其中，还有荷鲁斯本人，那是一个能够在指掌翻覆之间毁天灭地的黑曜巨人。

这不可能是未来。这是一个扭曲病态的虚妄未来。

只要人类受到帝皇的统御，银河就永远不会变成这样一个充斥着混沌与死亡的可怕漩涡。

你错了。

那燃烧的银河逐渐淡去，洛肯奋力寻找坚实的支撑，试图说服自己这可怕的幻景永远不可能成真。他再次开始下坠，视野变得模糊，之后他睁开双眼，发现自己站在3号档案库中，这个地方曾经给予他安全感，堆叠于此的无数典籍将整个宇宙拆解成纯粹的逻辑，并把一切疯狂事物都锁在它们所属的异教信仰与粗鄙传说里。

但情况有异，他身边的书籍在熊熊燃烧，这纯净的知识正遭受系统性的毁灭，由此确保民众无从得知其中蕴藏的真理。书架上如今盛放的只有烈焰和灰烬，洛肯试着抢救那些濒临覆灭的书籍，滚滚热浪则发起反击。在他妄图挽回古老岁月的智慧沉淀时，他的双手被灼烧得焦黑一团，血肉从骨骼上纷纷剥落。

那球体的音律，那现实背后的机理，无声无形，无休无尽。

洛肯能够看到烈火延烧至此的源头，那无尽翻涌的亚空间潜藏在一切事物的核心深处，黑暗力量的邪眼之中恶意沸腾。恐怖生物在堆积如山的尸骸间猥琐跃动，它们仰起长有犄角的羊头面孔厉声嘶吼，被亚空间的狂乱力量彻底扭曲。躯体表面覆满蛆虫和秽物的浮肿邪魔将死寂的星辰一颗颗吞噬，而身披黄铜铠甲的巨人则在它的颅骨王座上发出永不停息的战吼，泯灭良知的巫师在一座用谎言堆砌而成的银色宫殿中肆意献祭数十亿条生命。

洛肯奋力将目光从这疯狂景象上抽离。他回想起自己在戴尔弗斯门前甩给荷鲁斯·阿西曼德的那句话，再次大声喊了出来：

"我不会在任何神殿中屈膝，不会承认任何幽灵。我只相信经受了无数考验的帝国真理！"

那昏暗神殿的墙壁骤然闪回，空气中满是熏香的浓烈气味，洛肯气喘吁吁。他的心脏狂跳不已，头脑一阵眩晕，将方才所见幻景逐出脑海的努力让他一阵恶心。

这不是恐惧，这是愤怒。

那些造访这座神殿的家伙正在把整个人类种族出卖给亚空间深处所盘踞的黑暗力量。就是那种力量侵蚀了扎弗耶·朱伯吗？就是那种力量险些在档案库里杀死了辛德曼吗？

洛肯意识到，自己对于亚空间所知的一切都是谬误。

他被告知所谓的神祇并不存在。

他被告知虚空中除了毫无意识的原始能量之外别无他物。

他被告知广袤荒凉的银河容不下戏剧效果。

他所知的一切都是谎言。

借助愤怒所赋予的凶猛力量，洛肯扑向祭坛，狠狠合上那本古老典籍，将黄铜搭扣锁紧。即便如此，他依旧能够体会到深埋在书页中的可怕意念。仅仅几个月之前，书本能够蕴藏某种力量的看法还显得无比荒谬，但此刻洛肯无法质疑自身感官所提供的证据，纵然他所见所闻之事极端怪异，超乎想象，恐怖慑人。他抓起那本书夹在胳膊下面，快步离开了神殿。

他关上门，从第七连旌旗后面钻出来，回到了战略室的孤寂黑暗中。

辛德曼说得对。洛肯能够听到那球体的音律了，它是一种昭示着腐化、鲜血以及宇宙灭亡的可怕声音。

洛肯确信无疑，他要负责抹消那个声音。

这座伊斯特凡建筑的内部空间被一个宽广的阶梯形金字塔所占据，组成它的厚重石块显然不属于这个世界。每块巨石都源自另外的建筑，其中一些还保留着原有的装饰花纹，众多怪兽石雕甚至人物塑像都突兀而疯狂地依附在这座金字塔上。

伊斯特凡士兵聚集在塔底，正与身着铁甲的死亡守卫展开短兵相接的绝望鏖战。这场恶斗毫无章法可言，战争的艺术彻底沦为粗蛮而惨烈的单调杀戮。

塔维兹的目光被吸引到金字塔最顶端，一个朦胧身影在不断扭曲变幻的耀眼光晕中若隐若现，周遭围绕着尖锐的音波。

"进攻！"艾多伦高呼一声，身先士卒地扮演着歼敌矛头，其余突击部队立刻组成长矛的锋刃。塔维兹不再理会那诡异身影，快步跟上总司令发动冲锋，掩护艾多伦阔步前进，阻挡任何试图展开包夹的敌人。

更多帝皇之子涌入拱顶，加入金字塔底的混战。塔维兹看到卢修斯在艾多伦身旁奋战，那剑客的闪耀利刃如同一枚星辰。

卢修斯往往冲在最前线以证明自身实力，这无疑会让他平步青云，很快便可与艾多伦一同担任军团的表率。塔维兹猛力横扫剑刃，要屠杀这些敌人不需任何技巧，只需强壮的臂膀和必胜的决心。他爬上金字塔的第一层，在身披黑甲的成群敌人里杀出一条血路，不断向上攀登。

他朝塔顶方向瞥了一眼，发现穿着灰暗铠甲的死亡守卫已经抢先逼近那个位于塔顶的夺目身影。

率领死亡守卫的是内森尼尔·加罗，那位老友用一如既往的强健步伐和冷酷决心不断迈进。在这狂怒的战场上，能够与荣誉兄弟并肩作战还是让塔维兹感到高兴。加罗奋力逼上塔顶，朝那个掌控全局的光辉身影发起冲锋。

那身影周围长发狂舞，电光交织，塔维兹注意到对方是个女人，她飘逸的丝绸长袍如同某种深海怪兽的触手一样扭动。

她的嗓音盖过了战场的嘈杂轰鸣，她在歌唱。

音乐的魔力将那女人高高举起，一首由纯粹能量汇聚而成的歌曲让她漂浮在塔顶之上。成百上千道音波超乎想象地重叠交错，尖利刺耳的曲调相互碰撞着钻出她怪异的喉咙。金字塔顶的石块缓缓旋转，向拱顶天花板飘去，她的歌声已经撕裂了现实的架构。

就在塔维兹眼前，一个个不和谐的音节骤然涌升，凝聚成震耳欲聋的高潮曲调，猛烈爆炸应声掀飞了金字塔上的一大片区域，滚滚巨石在光芒汇成的洪流中翻滚四散。金字塔隆隆颤抖，石块砸向帝皇之子，将一些战士压得粉碎，让其他人失足坠落。

金字塔的部分结构如山崩般隆隆坍塌，碎石和残骸倾泻而下，塔维兹努力维持平衡。一个身披盔甲的死亡守卫沿着石坡滑落，径直坠向下方的碎石，塔维兹看到那是鲜血淋漓的加罗。

他手脚并用地爬过不断崩塌解体的金字塔，朝边缘奋力一跃，抓住了那战士的盔甲，将对方拽回相对稳固的地带。

塔维兹把加罗拖离战场，发现老友身受重伤。一条大腿被截断，胸膛和上臂也遭受了严重碾压。凝结的血液如同尚未冷却的玻璃一样聚集在伤口附近，加罗躯干表面嵌满了尖锐的碎石。

"塔维兹！"加罗低吼道，他的愤怒盖过了痛苦，"那是个战争歌者。不要听。"

"坚持住，兄弟，"塔维兹说，"我会回来的。"

"不要管别的，杀了她。"加罗厉声说。

塔维兹抬起头，看到战争歌者向帝皇之子逼近。她神情安详，像是致以欢迎般张开双臂，同时紧闭眼睛，周身辐射出可怕的致命歌声。

更多石块脱离了金字塔，在帝皇之子周围升起。塔维兹看到一位战士——军团旗手欧多沃卡上尉——被战争歌者的音律扯入半空。他的盔甲抽搐颤抖，仿佛遭到无形手指的拉扯，塑钢板闪着火花纷纷剥落，被战争歌者的力量撕成碎片。

欧多沃卡也被撕碎了，他的头盔带着头颅一同飞落，洒下一股闪亮的鲜血和碎骨。

就在欧多沃卡死去的时候，塔维兹突然意识到歌声中的凶残美感，仿佛那首歌曲是特意为他所唱的。美感与死亡蕴藏在不和谐的音律中，述说着一种美妙的平和，而他只需拱手献出生命任由湮灭之音摆布便可。战争将会结束，暴力更是不复存在的记忆。

不要听。

塔维兹高声咆哮，他掌中的爆矢手枪颤抖着向战争歌者射出子弹，武器的怒吼被音乐轰鸣彻底淹没。枪弹撞击在战争歌者周围的一层闪耀力场上，过早产生的爆破迸发出夺目白光。更多阿斯塔特悬浮到半空，有死亡守卫也有帝皇之子，诸多战士被音波撕成碎片。塔维兹明白，不需多久这恶化的战局就会变得无法挽回。

剩余的伊斯特凡士兵正在重整，他们从阿斯塔特背后冲上金字塔。塔维兹看到卢修斯身陷敌阵，敌军妄图将他包围，而他则用利刃肢解着每一个对手。

卢修斯对付那些士兵绰绰有余，塔维兹强迫自己继续前行，在战争歌者施加的肆意毁灭中蹒跚迈进。一道金光在前方闪动，他抬头看到艾多伦的铠甲在战争歌者的异光中犹如灯塔般耀眼。总司令高声怒吼以示挑战，奋力冲上金字塔的最后几级台阶，塔维兹紧随其后。

战争歌者在身边营造出一层明亮的洁白光膜，艾多伦一头扎了进去，那刺眼光芒随即转变成不透明的闪耀外壳。塔维兹的弹夹已经空了，于是他把枪扔下，双手握住阔剑，跟随总司令遁入光芒之中。

战争歌者那震耳欲聋的尖啸在他脑海里塞满了致命噪音，随着塔维兹穿过光芒屏障，曲调顿时趋近高潮。

艾多伦跪伏于地，战锤弃置一旁，战争歌者悬浮在总司令身前。那女人伸展双臂，用一道道声波冲击着艾多伦，其强悍力量足以扭曲空气。

艾多伦的铠甲逐渐变形，头盔在飞溅鲜血中脱落，但他依旧活着，依旧在战斗。

塔维兹冲了上去，高喊道："为了帝皇！"

战争歌者看到了他，于是轻描淡写地甩动手腕，用一阵音波将他拍倒在地。塔维兹的头盔在凶悍冲击下开裂，须臾之间他的感官被战争歌者乐曲中的恐怖美感所淹没。在视线逐渐恢复的时候，他正好目睹艾多伦猛扑上来。塔维兹的冲锋让敌人的歌声短暂转向，为艾多伦赢得了一个瞬间的喘息之机。

而帝皇之子战士所需要的仅仅是一个瞬间。

艾多伦眼中迸发着炽热怒火，他对面前死敌的憎恨和仇视显而易见，他发出一声怒吼。随后他的嘴张得更大，释放出他自己的尖厉呼号。塔维兹翻身躺倒，扔掉了阔剑，双手捂住耳朵来抵御那可怕的噪音。战争歌者的歌声将死亡掩盖在层层叠叠的虚假美感之下，而艾多伦所释放的音波攻击则毫无美感可言，仅仅是令人万分痛苦的震耳音量。

那致命噪音冲击着战争歌者，将她的优雅姿态尽数剥离。她张开嘴想要重新吟唱那死亡之曲，但艾多伦的尖叫把她的音律转化成了一首肃穆挽歌。

悲哀与痛楚的声响交织成一段沉重哀乐，战争歌者应声跪倒在地。艾多伦俯身捡起塔维兹刚刚扔下的阔剑，口中的恐怖尖最终于停息。战争歌者痛苦地痉挛扭动，她失去了对自己歌声的掌控，身上甩出一道道明亮弧光。

艾多伦迈步穿过种种光芒与噪音。他刺出阔剑，一击斩落了战争歌者的头颅。

终于，战争歌者沉寂下来。

塔维兹趴在逐渐崩塌的金字塔顶端，看着艾多伦高举剑刃以示胜利，他依旧无法理解自己刚刚目睹的一切。

战争歌者那光怪陆离的音律还在塔维兹脑海里回荡，他摇摇头将其驱散，难以置信地盯着总司令。

艾多伦转身面向塔维兹，将阔剑放在他身旁。

"一把好剑，"他说，"我要感谢你的干预。"

"怎么……"塔维兹能说出口的只有这两个字，他的感官尚未从艾多伦的震耳尖叫中复原。

"意志的力量，塔维兹，"艾多伦说，"仅此而已，意志的力量。那个贱人的该死巫术在我们两个面前不值一提，是不是？"

"我想是的。"塔维兹说着，握住艾多伦的手让自己站起来。拱顶突然被诡异的静谧所笼罩。伊斯特凡士兵在战争歌者死去之后纷纷瘫倒，蜷缩起来哭泣不已，恰似痛失亲人的孩童。

"我不明白——"他看着死亡守卫战士开始清扫整个拱顶。

"你不需要明白，塔维兹，"艾多伦说，"我们胜利了，这是唯一重要的事情。"

"但你所做的——"

"我所做的就是杀死我们的敌人，"艾多伦厉声说，"明白吗？"

"明白。"塔维兹点点头，然而他完全不理解艾多伦的崭新能力，就像他不懂得虚空航行的天文原理一样。

艾多伦继续说："杀掉所有剩余的敌人，然后毁掉这个地方。"他说完便转身离去，沿着破碎的金字塔走向高声喝彩的战士们。

塔维兹捡起武器，俯瞰面前的胜利场景。阿斯塔特已经开始重整队伍，他走向加罗所在的位置。

死亡守卫连长靠坐在金字塔边，他的胸口在费力的呼吸中起伏，塔维兹能看出来，对方正用无与伦比的意志力抗拒着盔甲自动注射的止痛药，以免失去清晰的神志。

"塔维兹，你还活着。"加罗看到他走下金字塔。

"勉强吧，"他说，"反正比你好。"

"就这个？"加罗轻蔑地一笑，"我受过比这重得多的伤。听好了，小子，你都想象不到我有多快就能重新站起来，回到训练室里再教你一两招。"

即便经历了这场怪异的战斗，且目睹了诸多生命的逝去，塔维兹还是笑了笑。

"见到你很高兴，内森尼尔，"塔维兹说着，俯身握住了加罗伸出的手，"我们上一次并肩作战已经是太久之前的事了。"

"没错，我的荣誉兄弟，"加罗点点头，"但我有种预感，在这场战役结束之前，我们还有很多机会能一起战斗。"

"如果你总是受这种伤的话就没戏了。你需要一个药剂师。"

"胡扯，小子，很多人比我伤势更重，他们才更需要一个锯骨头的家伙。"

"你从来都没学会接受自己受伤的事实，对不对？"塔维兹微笑着说。

"从来没有，"加罗回答，"这就是死亡守卫的风格，不是吗？"

"我可说不好，"塔维兹说着，无视加罗的坚决反对，挥手示意一个帝皇之子药剂师过来，"你们这个军团太野蛮了，总是超出我的理解范畴。"

"而你们是一帮帅小伙，比起完成任务而言更关心自己的帅气形象。"加罗反驳道，回应着这种在二人之间被当作打招呼的口舌争锋。两位战士在他们漫长的友谊中并肩渡过了无数危难，多次拯救过对方的性命，因此无论是礼节，还是两个军团间的差异都不值一提。

加罗指了指金字塔顶的方向，"是你干掉了她？"

"不，"塔维兹说，"是艾多伦总司令干掉的。"

"艾多伦？"加罗说，"从来没兴趣搭理他。无论如何，既然他能杀掉那个女巫，最近显然学了两招新东西。"

"我想你说得没错。"塔维兹回答。

第六章

军团之魂
一切都将不同
憎恶

洛肯在依附于复仇之魂号上层甲板外部的观察拱顶里找到了阿巴顿，透过此处的宽大玻璃可以遥望到伊斯特凡星系外围星球的荒芜废土。这寂静黑暗的拱顶是静心冥想的完美场所，而阿巴顿在其中显得格格不入，他像一头蓄势待发的困兽充满了能量与蛮力。

"洛肯，"阿巴顿开口道，"你竟敢召唤我到这里？"

"是的。"

"为什么？"阿巴顿质问。

"忠诚。"洛肯简洁地说。

阿巴顿哼了一声："你根本不明白那个词的意思。你从未受过忠诚的考验。"

"就像你在戴文上所受的那种考验？"

"啊，"阿巴顿叹了口气，"原来如此。别打算给我讲大道理，洛肯。我们为了拯救战帅所做的那些事情，你根本做不到。"

"或许我是唯一一个坚持抗争的人。"

"抗争什么？难道你宁愿眼看着战帅死，也不愿承认这个宇宙中或许存在一些你无法理解的事物？"

"我来这里不是为了争论在戴文上发生的事情。"洛肯说道，他已经感觉逐渐失去了这场谈话的主动权。

"那到底是为什么？我还要去指挥部队，没有时间和你闲聊。"

"我召唤你来是因为我需要答案。关于这个。"洛肯说着，把他从战略室背后的神殿里取出的那本书扔在了观察拱顶的彩砖地板上。

阿巴顿俯身将书捡起。在第一连长的手里，它显得像伊格内斯·卡尔卡斯的传单一样渺小。

"这么说你还是个贼。"阿巴顿说。

"你不必对我讲这种话，阿巴顿，先给我一些答案。我知道艾瑞巴斯密谋与我们为敌。他从英特雷斯那里偷走了宿敌刃，并把它拿到了戴文。我知道这些，你也知道。"

"你什么都不知道，洛肯，"阿巴顿讥笑道，"伟大远征中所发生的一切都是为了帝国的福祉。战帅自有计划。"

"计划？"洛肯说，"这个计划也包括滥杀无辜吗？海克托·瓦尔瓦鲁斯？伊格内斯·卡尔卡斯？佩卓尼拉·维瓦？"

"那些记述者？"阿巴顿笑着说，"你真的在乎那些人？他们是低等生物，洛肯，在我们之下。泰拉议会妄图用低劣的官僚主义淹没我们，阻挠我们征服银河的举措。"

"艾瑞巴斯，"洛肯努力压制住愤怒，"他为什么会在复仇之魂号上？"

阿巴顿瞬间跨过观察拱顶两端之间的距离："这不关你的事。"

"这是我的军团！"洛肯喊道，"这就关我的事。"

"再也不是了。"

洛肯心中怒火沸腾，双手紧握成充满杀气的拳头。

阿巴顿察觉到他的紧绷情绪："想用战士的方式来解决这事吗？"

"不，艾泽凯尔，"洛肯紧咬牙关说道，"无论发生了什么，你依旧是我四王议会的兄弟，我不会对你出手。"

"四王议会，"阿巴顿点点头，"那一度是个高尚的理念，但我为当时接纳你而感到遗憾。况且，如果确实要兵戎相见，你还真以为你能打败我？"

洛肯忽视了对方的挑衅，"艾瑞巴斯还在这里吗？"

"艾瑞巴斯是战帅旗舰上的客人，"阿巴顿说，"你最好记清楚这一点。当时，在还有机会的时候，如果你选择了加入而非背弃我们，你早已获得了你想要的一切答案，但你选错了，洛肯。品尝苦果吧。"

"战士结社把某种邪恶的东西带入了我们的军团，艾泽凯尔，或许还有其他军团，某种来自亚空间的东西。就是它杀死了朱伯，也是它在戴文附身了坦巴。艾瑞巴斯欺骗了我们所有人！"洛肯说道。

"而且他还利用了我们，对不对？艾瑞巴斯正在暗中操纵我们，诱使我们遭受一种比死亡还要糟糕的命运？"阿巴顿厉声说，"你知道得太少了。如果你知晓战帅的宏伟蓝图，你就会乞求我们允许你悔过。"

"那就告诉我，艾泽凯尔，或许我真的会乞求。我们曾经是兄弟，我们还能重新成为兄弟。"

"你真相信这个吗，洛肯？你当时说得很清楚，你反对我们。托迦顿也一样。"

"为了我的军团，为了我的战帅，总有回头的路，"洛肯回答，"只要你也这样想。"

"但你绝不会投降，嗯？"

"绝不！军团之魂至高无上。"

阿巴顿摇摇头："我们陷入了如此大的麻烦，就是因为像你这样的人太骄傲，不懂得妥协。"

"妥协会毁掉我们，艾泽凯尔。"

"在伊斯特凡的战役结束之前，忘掉所有这些，洛肯，"阿巴顿命令道，"在伊斯特凡之后，一切都会结束。"

"我不会忘记，艾泽凯尔。我一定会得到我要的答案。"洛肯怒喝，随后转身从他的兄弟面前走开。

"如果你反抗我们，你会死的。"阿巴顿承诺道。

"或许吧，"洛肯回答，"但会有更多人奋起反抗。"

"那么，他们也会死。"

"感谢各位的到来，"辛德曼说，面前聚集的庞大人群令他有些紧张和忧虑，"我明白大家冒了巨大的风险，这完全超出我的预料。"

他们全都挤在一个昏暗的维修舱里，机油刺鼻的味道四下弥漫，低垂的嘶鸣管道让人抬不起头，这些信众从战舰的各个角落汇聚至此，等待聆听圣人的话语——他们误以为她苏醒了。在人群中，辛德曼看到了泰坦驾驶员、战舰维护工、医护人员、安保人员，甚至还有一些帝国军队士兵。持枪军人把守着通向维修舱的入口，众人此刻是何处境不言而喻。

如此大规模的集会非常冒险，太容易被察觉，辛德曼知道他必须在麻烦来临之前尽快疏散人群，同时还要小心避免引起骚乱。

"一直以来你们都小规模行动，未曾暴露踪迹，但今天这样的集会是很难逃过注意的，"辛德曼继续说，"毫无疑问，你们最近都听说了一些奇异或美好的传闻，我希望诸位不要怪罪我令你们身陷险境。"

他们营救了奇勒的传言早已在舰队中广为人知。满身油污的甲板劳工窃窃私语，记述者们将这消息如瘟疫般迅速传播，即便是远征队最底层的成员也有所耳闻。关于圣人及其神迹的故事屡遭添油加醋，越发夸张不实的传说层出不穷，人们描述着子弹如何被偏转，以及帝皇如何亲自向她揭示麾下子民的未来道路。

"圣人在哪里？"人群中的一个声音喊道，"我们要见她！"

辛德曼抬起一只手说，"圣人能够活下来已是万幸。她很好，但依旧在沉睡。你们之中的一些人听说她苏醒了，或者她开口讲话了，但很遗憾，并非如此。"

一阵失望的叹息和低语在人群中蔓延开来，辛德曼否认了很多人迫切地想要相信的事情，这令他们颇为恼火。辛德曼回想起他在刚刚归顺的世界上所做的演讲，昔日他充分施展自己作为宣讲者的智谋，浓墨重彩地粉饰帝国真理。

现在，他要利用同样的技巧为这些人赋予希望。

"圣人依旧在沉睡，没错，但在一个短暂而光辉的瞬间里，她从昏迷中苏醒过来，拯救了我的生命。我看到她睁开了眼睛，在那一刻我便明白，当我们需要她的时候，她就会回到我们身边。在此之前，我们必须谨慎行动，因为我们的信仰会让这支舰队里的某些人不吝于痛下杀手。我们此刻在全副武装的卫士守护下秘密会面，这个事实本身就提醒我们，马罗格斯特经常派遣士兵来驱散圣言录的集会。已经有人献出了生命，他们的鲜血就沾在阿斯塔特的手上。我们先前从未意识到自己的喉咙被扼在阿斯塔特的铁腕里，而伊格内斯·卡尔卡斯，愿帝皇赐他安息，他早已看出不受约束的星际战士有多么危险。"

"我曾经拒绝相信圣人的存在。我训练自己只接受逻辑与科学，并将宗教视为迷信，加以摒弃。魔法和神迹是不可能的，仅仅是那些难以领会世界真理的愚昧者所捏造的概念。但圣人用巨大牺牲证明了我的自负。我亲眼目睹了帝皇如何保佑我们，而圣人对我的启迪还远不止如此，既然帝皇庇佑他的信徒，那么谁又来保卫帝皇？"

辛德曼停住话音。

"我们。"泰塔斯·卡萨说，他从人群前端挤出来，转过身面向大家。辛德曼将卡萨安排在这里，并明确指示他何时开口——这是宣讲者用来支持自己论点的基本手段。

"我们必须保卫帝皇，因为没有别人了，"卡萨说。这位驾驶员转过头看着辛德曼，"但我们首先必须活下来才行。不是吗，宣讲者？"

"是的，"辛德曼说，"在场诸位所展现的信仰在舰队高层中引发了极大的恐慌，以至于他们想要毁灭我们。这支舰队中盘踞着帝皇的敌人，我对此确信无疑。我们必须活下来，而当那个敌人最终现身的时候，我们必须与之对抗。"

近在眼前的致命危机被揭示之后，人群顿时发出一阵忧虑和愤怒的低语。

"虔诚的朋友们，"辛德曼说，"我们面临的危险是巨大的，但圣人与我们同在，她需要我们的庇护。我们只有分头行动才能提供这样的庇护，但切记保证安全，并留意我们的信号。请将她安然无恙的消息传播出去。"

卡萨在人群中穿梭，指示大家返回自己的岗位。得到了辛德曼的言语宽慰之后，他们最终逐渐散去。辛德曼看着众人离开，心中不禁思虑，这之中究竟有多少人能活到明天。

剑刃长廊如同超越者号的镀金脊梁一样纵贯战舰。它的屋顶是透明的，容许遥远群星的光焰照亮四处。数百尊雕像矗立在长廊两侧，一位位帝皇之子用璀璨双眼与坚定神色审视来者。据说衡量一位真正英雄的标准就是，当他行走于剑刃长廊时能否安然直面那些毫不留情的目光。

塔维兹昂首挺胸地踏入长廊，纵然他明白自己并非英雄，只是一个尽己所能的战士。古老的战团长和指挥官怒视着他，这些人的名号与容貌被每一个帝皇之子所熟知并尊敬。超越者号侧翼的大片区域都用以纪念逝去的军团兄弟，但每个战士真正想要获得一席之地的恰恰是这里。

塔维兹从未奢望自己的面孔能够位列于此，但他依旧会全心奉献，让自己的生命有可能配得上这般荣誉。虽然那个崇高目标简直无法触及，但毕竟值得为之奋斗。

艾多伦静立于玛吉维恩战役英雄、泰利欧萨总司令的石雕像前面，在塔维兹还没有走近时他就转过身来。

"塔维兹连长，"艾多伦说，"我不常在这里遇到你。"

"我很少来，指挥官，"塔维兹回答，"我愿让军团的英雄们静静安息。"

"既然如此，你今天来此有何事？"

"如果你允许的话，我希望和你谈一谈。"

"想必你的时间可以更好地运用在训练战士方面，塔维兹。那是你的天赋所在。"

"你这样说让我倍感荣幸，指挥官，但有件事情我需要询问你。"

"什么事？"

"战争歌者的死。"

"啊。"艾多伦仰望着头顶的高大雕像，那空洞双眼冰冷而无情地凝视着两人，"她确实称得上是一个强悍对手——彻底腐化，是那种腐化给予了她力量。"

"我需要知道你是怎样杀掉她的。"

"连长？你仿佛在向同级军官问话。"

"我看到了你的所作所为，指挥官，"塔维兹继续追问，"那尖叫，那是……我不知道……某种我从未听说过的能力。"

艾多伦抬起一只手，"我可以理解你为何心怀疑问，我也可以解答，但不如我直接为你展示一下。跟我来。"

塔维兹跟随总司令沿着剑刃长廊继续走下去，转入一条侧面通道，两边的墙壁上钉满了纸张。军团在往昔岁月中的无数光辉事迹被详尽地记录于此，所有新兵在升阶成为真正的阿斯塔特之前，都要将那一场场各不相同的战斗牢记于心。

帝皇之子不仅铭记每一次凯旋，他们还要宣扬自己的胜利，因为军团那至臻完美的战争艺术是值得赞誉的。

"你明白我为什么和战争歌者交手吗？"艾多伦问道。

"为什么？"

"是的，连长，为什么。"

"因为那是帝皇之子的作战方式。"

"说清楚。"

"我们的英雄身先士卒，整个军团都会备受激励，效仿楷模。他们之所以能够这样做，是因为军团的作战技艺炉火纯青，奋斗于最前线的军官并不会暴露弱点。"

艾多伦微笑道："说得好，连长。我该安排你去教导新兵的。那么你自己呢，你会身先士卒吗？"

塔维兹心中顿时涌起希望，"当然！如果有那个机会的话，我一定如此。我从未想过你会认为我配得上这样的角色。"

"你配不上，塔维兹。你只是一名普通军官，仅此而已。"艾多伦说道，无情地碾碎了塔维兹有朝一日成为领袖和英雄并证明自身能力的渺茫希望。

"我这样讲并非出于恶意，"艾多伦继续说着，他显然并未在意自己话语中赤裸裸的羞辱，"像你这样的人在我们的军团中扮演着重要角色，而我是弗格瑞姆的选民。原体选择了我，将我擢升到今日的阶级。他在我身上发现了领导帝皇之子所需的关键品质。他在你身上则没有发现这种品质。因此，我能够体会身为弗格瑞姆选民所担负的责任，而你无法理解，塔维兹连长。"

艾多伦将他引向一道宏伟阶梯，下方是一座铺着白色大理石的宽敞厅堂。塔维兹认出这是通向战舰药剂室的入口，就在几个小时之前，伊斯特凡外围星球战斗中的伤员才被送进去。

"我认为你低估了我，总司令，"塔维兹说，"但请你理解，为了我的部下，我必须知道——"

"为了我们的部下，你我都作出了牺牲，"艾多伦厉声说，"对于选民而言，那些牺牲更加深重。其中最重要的就是，一切都要让位于胜利。"

"指挥官，我不明白。"

"你会明白的。"艾多伦说着，带领塔维兹穿过一道镀金拱廊，走入主药剂室。

"那本书？"托迦顿问。

"那本书，"洛肯重复道，"它是关键所在。艾瑞巴斯就在我们的船上，我很确定。"

3号档案库昏暗无光，遍地灰烬，这是复仇之魂号上少有的一个让洛肯感到安全的地方，这能让他回忆起在更为单纯的日子里自己与凯瑞尔·辛德曼的一场场辩论。洛肯已经有好几周没有见到过那位宣讲者了，他盼望老人一切平安，不要落入马罗格斯特或某个无名士兵的魔掌。

"阿巴顿还有其他人一定都在保护他。"托迦顿说。

洛肯叹了口气，"怎么会变成这样？我本愿意为阿巴顿还有阿西曼德献出生命，我知道他们曾经也愿意为我牺牲。"

"我们不能放弃，加维尔。总有办法解决这些。我们可以重组四王议会，或者至少让战帅明白艾瑞巴斯的图谋。"

"无论他究竟有何图谋。"

"没错，无论是什么。管他是不是战士结社的客人，他在我的船上不受欢迎。他是关键。如果我们把他揪出来，就能向战帅和整个军团揭露他的行径。"

"你真的相信这个？"

"我不知道，但这不妨碍我付出努力。"

托迦顿环顾四周，用一根手指触动书架上众多烧焦典籍的灰烬，"你为什么非要约在这个地方见面？闻起来就像火葬场一样。"

"因为从不会有人来这里。"洛肯说。

"为什么呢，这地方多美啊。"

"别开玩笑，塔瑞克，现在不是时候。伟大远征的原本意义是启迪银河的偏远角落，而现在它却惧怕知识。我们学到的越多，提出的问题就越多，看透的谎言也越多。对于那些图谋操纵我们的人而言，书籍是危险的。"

"宣讲者洛肯，"托迦顿笑着说，"你让我受益匪浅。"

"我有个好老师，"洛肯说着，再次想起了凯瑞尔·辛德曼，以及那些自己一度深信不疑，如今却彻底崩塌的事物，"而且这不仅仅是阿斯塔特之间的隔阂。这关乎哲学、理念，甚至信仰……这关乎一切。凯瑞尔教导过我，正是这样的盲信导致了冲突年代的降临。我们带着和平与启迪跨越银河，而倾覆帝国的种子或许恰恰就埋藏在身边。"

托迦顿凑过来，把手放在洛肯的肩膀上，"听我说，我们马上就要投入伊斯特凡Ⅲ的战斗，死亡守卫传来的消息说，敌军首领是某种用尖叫杀人的灵能怪物。他们是我们的敌人，并非因为读错了一本书之类的；他们是我们的敌人，因为战帅说他们是敌人。暂且忘掉这些吧。去战斗，那会让你的视野更清晰。"

"你知道我们究竟会不会参战吗？"

"战帅已经选出了组成矛头的小队，我们都有位置，而且看起来还是由你我两个指挥。"

"真的？在这一切发生了之后？"

"确实奇怪，但我可不想疑神疑鬼。"

"至少我有第十连在。"

托迦顿摇摇头，"说不上。战帅选择矛头部队的时候不是以连为单位，是以小队为单位。"

"为什么？"

"因为他觉得你脸上这种困惑的表情很好笑。"

"拜托，认真点，塔瑞克。"

托迦顿耸耸肩，"战帅总不会乱来。这场战斗必然很艰难。我们要直接深入打击到城市里。"

"巫师小队呢？"

"他们在。我觉得反正也没人能把维帕斯关在船上。你知道他会是什么样子，如果他真被留下了，肯定要抢一个空降舱冲下去。他和你一样，需要一次激烈的战斗来把脑袋弄清楚。在伊斯特凡之后，一切都会回归常态。"

"很好。能有巫师小队支持我们，我感觉很好。"

"是啊，你确实需要些帮助。"托迦顿微笑着说。

洛肯轻笑一声，并非因为托迦顿真的很幽默，而是因为经历了这一切之后，对方依旧没有改变，还是那个值得信赖的同僚，能够依靠的朋友。

"你说得对，塔瑞克，"洛肯说，"在伊斯特凡之后，一切都将不同。"

中央药剂室由锃亮洁净的玻璃和钢铁建成，十余个医疗间散布在主实验室的环形枢纽周围。塔维兹看到欧多沃卡上尉的残破尸首悬浮在一个静滞舱里，等待回收基因种子，他顿时感到后背一阵寒意。

艾多伦带领他穿过枢纽，沿着走廊进入一座镀金前厅，巨幅陶瓷彩绘铺展于此，体现着弗格瑞姆在塔苏斯无视自身的重伤击败狡诈灵族的伟大胜利。艾多伦伸手按动弗格瑞姆腰带上的一片彩色陶瓷，接着后退两步，等待整块墙壁升起，露出背后那条散发微光的通道和盘旋向下的楼梯。艾多伦迈步而入，并示意塔维兹跟上。

这个区域毫无装饰，与超越者号的其余部分对比鲜明。塔维兹逐级而下，注意到某些东西正散发着冷冽蓝光。当他们最终来到阶梯底端时，艾多伦转身对他说："这里，塔维兹连长，有你想要的答案。"

蓝色光芒的源头是墙边那十几个直抵天花板的透明管舱。每一个灌满液体的管舱里都漂浮着某种难以分辨的形体——有些是粗略的人形，有些像是拼凑起来的器官或肢体。房间其余部分被锃亮的实验台所占据，上面摆满了各式仪器，其中一些的功能是塔维兹完全无法想象的。

他在一个个管舱之间穿行，充满厌恶地发现，里面往往盛放着几乎要撑开玻璃的肿胀血肉。

"这都是什么？"面前秽恶可怖的场景让塔维兹惊惧万分。

"恐怕我无法提供恰当的解答。"艾多伦说着，迈步走向通往深层房间的拱廊。塔维兹紧随其后，仔细查看身边的其余管舱。其中一个盛放着与阿斯塔特体形相仿的身躯，但那并不是尸体，更像是个从未降生的畸胎，它的面孔凹陷而扭曲。

还有一个管舱中只有一颗头颅，但那上面长着昆虫般的多面巨眼。在凑近观察之后，塔维兹嫌恶而惊恐地意识到，那些眼睛并不是被移植上去的，因为他没有发现任何伤疤，而且那颗头颅的形状与巨眼颇为协调。

那双眼睛是生长出来的。

他走到最后一个管舱前面，看见一团团借助血肉、缆线相连的脑组织漂浮在透明液体里，上面长着肿瘤般的额外脑叶。

塔维兹感觉到一股深切寒意从内间传来，几台低温金属柜排列在墙边。他短暂地考虑了一下里面都会盛放些什么，但他的想象力瞬间创造出种类繁多的变异和畸形，于是他决得自己并不想要知道里面的内容。房间中央坐落着一个宽大的操作台，足以用来固定阿斯塔特，天花板上悬挂着一套外科工具。

整齐的肌肉纤维切块摆放在台子上。药剂师法比乌斯正伏案工作，将纳瑟希姆护手的探头和刺针埋在一块湿滑闪亮的深色肌肉里。

"药剂师，"艾多伦说，"这位连长希望了解我们的事业。"

法比乌斯惊讶地抬起头，他修长聪颖的面孔周围是茂密的纤细金发。一双小而黑的眼睛与脸框显得格格不入，像两枚墨色珍珠嵌在眼窝中。他身穿及地长袍，那洁白的医疗制服上还有着一道道猩红血迹。

"真的吗？"法比乌斯说，"我还不知道塔维兹连长也是我们精选出来的人员之一。"

"他不是，"艾多伦说，"至少现在还不是。"

"那么他为何来到这里？"

"我自己接受的改造已经暴露了。"

"啊，原来如此。"法比乌斯点点头。

"这是怎么回事？"塔维兹尖锐地问，"这地方是干什么的？"

法比乌斯挑起一边眉毛，"你想必目睹了指挥官的改造能力，是不是？"

"他是个灵能者吗？"塔维兹质问道。

"不，不，不！"法比乌斯笑着说，"他不是。总司令的能力是气管植入手术和基因种子微调的结果。他算是个成功案例。他的能力是代谢性和化学性的，不是灵能。"

"你们篡改了基因种子？"塔维兹在震惊中轻声问道，"基因种子是我们原体的血脉……一旦他知晓你们的胡作非为……"

"别这么幼稚，连长，"法比乌斯说，"你以为是谁命令我们这么做的？"

"不，"塔维兹说，"他不会——"

"这就是为什么我必须展示给你看，连长，"艾多伦说，"你还记得净化莱尔兰的战役吗？"

"当然。"塔维兹回答。

"我们的原体看到莱尔通过化学和基因手段对自身生理结构进行了改造，并借助这种手段令躯体至臻完美。弗格瑞姆大人希望我们军团有更大的作为，塔维兹，帝皇之子不能满足于现有荣誉，放任其他阿斯塔特同僚继续采用粗鄙手法取得胜利。我们必须持之以恒地追求完美，但很快就会面临某种极限，届时即便是阿斯塔特也将难以满足弗格瑞姆大人以及战帅的期许。为了达到更高的标准，我们必须改变，我们必须进化。"

塔维兹从操作台前退开，"帝皇将弗格瑞姆大人造就成完美的战士，军团则以他为楷模。那才是我们应当努力效仿的目标。将异形种族视作完美典范是令人憎恶的。"

"憎恶？"艾多伦说，"塔维兹，你胆识过人，纪律严明，广受战士尊敬，但你缺乏远见，无法看到这项伟大事业将引领我们走向何方。你必须明白，军团的超群水准是最重要的，应高于一切凡俗因素的制约。"

这胆大妄为的口号让塔维兹震惊得哑口无言，过去即便是艾多伦也从未表现出如此程度的高傲自负。

"当战争歌者被我击杀的时候，你恰巧在场，否则你根本无法得到这样的机会，塔维兹，"艾多伦说，"你要明白这代表着何等机遇。"

塔维兹顿时抬头看向总司令，"此话何意？"

"既然你知晓了我们的工作，或许你就做好准备成为军团未来的一分子，而不仅仅是带兵指挥。"

"这并非毫无风险，"法比乌斯指出，"但我能在你的躯体上创造出美妙无比的成果。我可以让你超越自我，让你接近完美。"

"想想你的另一个选择，"艾多伦说，"你会默默战斗，葬身沙场，同时心里明白自己曾有机会更进一步。"

塔维兹看着面前的两位战士，他们都是弗格瑞姆的选民，都是军团在追求完美这条无尽道路上的光辉楷模。

他顿时明白，自己远远无法达到那两人所理解的完美，如果这是某种失败，他今日却为此感到喜悦。

"不，"他一边说着，一边后退，"这是……错的。你们感觉不到吗？"

"好吧，"艾多伦说，"你做出了你的选择，我也并不感到惊讶。罢了。你必须立刻离开，但我命令你不得提起今天所见的任何事物。回到你的战士身边，塔维兹，伊斯特凡Ⅲ的战斗将会十分艰苦。"

"是，指挥官。"塔维兹说，能够远离这个恐怖的房间令他无比欣慰。

塔维兹立正行礼，随后几乎仓皇逃出了实验室。在离开的路上，他感觉悬浮于管舱里的那些标本仿佛在盯着自己。

在踏入药剂室的光明之后，塔维兹不得不将刚才的经历视为一场考验。

而他究竟有没有通过，这就完全是另一回事了。

第七章

神之机械

帮我一个忙

偷天换日

滑入卡萨脑海的那种冰冷感受像老友般让他安心。审判日的大脑皮层接口与他的思维相连,这种机械触感对大多数人而言想必颇为恐怖,然而在泰塔斯·卡萨眼里,它却是整个银河中少有的恒久事物。

这种感觉,如同圣言录。

泰坦的舰桥十分昏暗,仅凭华贵座舱中的仪表盘和屏幕散发出的蓝绿幽光将其照亮。机械神教成员此刻无比忙碌,一批批身着长袍的技师步入泰坦,舰桥中堆满了功能未知的各式仪器。等离子反应堆是这台战争机械的心脏,负责操纵它的船员从复仇之魂号刚刚进入伊斯特凡星系时就开始了准备工作,目前各项指标都表明审判日的主要系统运转正常,状态空前优异。

卡萨很欢迎这架战争机械的一切增益,但在内心深处,他厌恶其他任何人触摸泰坦。那些接口纤维埋入头颅深处,让他全身不由自主地打了一个冷战。泰坦的控制系统在卡萨眼中点亮,仿佛就是他身体的一部分。等离子反应堆静静待命,那蓄势待发的能量随时可以被他唤醒,进入全面战斗状态。

"制动系统有些松弛。"他自言自语道,并着手提高泰坦躯干和双腿上那些庞大活塞的压力。

"武器待命,弹药装填完毕。"他知道自己在一念之间便可释放其怒火。

他逐渐将审判日的强悍与宏伟视作帝皇神威的具现。卡萨起初很抵触这种想法,在乔纳·阿鲁肯坚持认为泰坦拥有灵魂的时候他还屡屡嘲弄。现如今,他越来越清晰地意识到自己为何会被圣人选中。

圣言录正在面临威胁,信众需要庇护。这种想法最初浮现于脑海的时候,卡萨几乎要笑出声来,然而他在医疗甲板的见闻巩固了信念的力量,让他明白自己选择了正确的道路。

这架泰坦就是那种力量的标志，是神圣怒火的化身，是将帝皇裁决施加于伊斯特凡罪人头顶的神之机械。

"帝皇保佑我们，"卡萨轻声说，他的话语埋没在脑海中那层层叠叠的数据读数里，"帝皇毁灭敌人。"

"是吗？"

卡萨顿时脱离了沉思，泰坦的控制系统遁入意念底层。他慌乱地抬起头，而看到是驾驶员阿鲁肯站在自己面前时又松了一口气。

阿鲁肯扭动开关，舰桥的照明灯点亮了，"你要小心自己的话会被谁听见，泰塔斯，尤其是现在。"

"我在进行备战检查。"卡萨说。

"当然，泰塔斯。但如果图奈特机长听到你刚才的话，你就完蛋了。"

"我的思想属于我自己，乔纳，即便是机长也不能否认这一点。"

"你真以为是这样？得了，泰塔斯。你很清楚那个教会是不受欢迎的。医疗甲板那次是我们走运，但这件事已经超出了你我两个的控制范围，而且越来越危险。"

"我们不能退缩，"卡萨说，"尤其是在目睹了那一切之后。"

"我不确定我究竟看到了什么。"阿鲁肯戒备地说。

"你在开玩笑吧？"

"不，"阿鲁肯坚持说，"不是。你看，我刚才提醒你，因为你是个好人，如果你被迫离开的话，审判日会遭受损失。她需要一个优秀的团队，而你是其中一员。"

"别转移话题，"卡萨说，"你很清楚，我们在医疗甲板目睹的是神迹。你必须接受这一点，之后帝皇才能走进你的内心。"

"听着，我在甲板上听到了一些谣言，泰塔斯，"阿鲁肯凑近说道，"图奈特在四处刺探我们的情况。他在询问事情发展到了什么程度，就好像我们在暗中谋反一样。看来他已经不再信任我们了。"

"随他去。"

"你不明白。我们在战场上是一个优秀的团队，但如果我们……怎么说呢……被关进牢房里或者更糟，这个团队就会支离破碎，而审判日再也找不到比我们更棒的驾驶员了。别让那些圣人之类的毁掉这一切。伟大远征会因此蒙受损失的。"

"我的信仰不允许我妥协，乔纳。"

"又来了，"阿鲁肯厉声说，"你的信仰。"

"不，"卡萨摇摇头，"它也是你的信仰，乔纳，只不过你一直没有意识到。"

阿鲁肯没有回答，只是坐在了他的指挥椅上，对着面前的仪表点点头，"她怎么样？"

"很好。反应堆运转正常，瞄准系统比我印象中任何一次都更灵敏。机械神教的技师最近一直在敲敲打打，所以我们还多了几个花招。"

"照你的说法，就好像这是件坏事一样，泰塔斯。机械神教又不是在乱来。无论如何，最新消息说我们距离着陆还有十二小时。我们负责支援死亡守卫。图奈特机长会在几个小时之内发布一次简报，但基本上就是些狂轰滥炸，把敌人吓得屁滚尿流的活计。听起来不错？"

"听起来是场战斗。"

"对于审判日来说，不管轰谁都是一回事。"

"这让我回想起自己昔日为何自豪，"洛肯看着复仇之魂号登机甲板中整齐列队的突击矛头部队说道，"无论是加入四王议会，还是参与这样的行动。"

"我现在依然很自豪，"托迦顿说，"这依然是我的军团。这一点从未改变。"

洛肯和托迦顿为即将到来的战斗全副武装，矗立在一支阿斯塔特大军的最前列。这里至少有三分之一的军团力量，成千上万名战士准备出击。洛肯看到身经百战的老兵和刚刚晋升的新兵站在一起，有配备链锯剑和笨重背包的突击小队，也有携带重型爆矢枪与激光炮的毁灭者小队。

拉寇斯特士官正与麾下的通信小队交谈，向他们强调在部队深入圣歌城之后务必与复仇之魂号保持联络。

药剂师瓦顿正在反复检查自己的医疗装备，包括纳瑟希姆护手上的繁复探针以及基因种子回收器。

亚克顿·克鲁兹，那位服役甚久的连长几乎是最为年迈的阿斯塔特战士了，他正在向一些新晋后辈讲述军团的过往荣耀，畅谈那些他们必须与之般配的光辉历史。

"如果能率领第十连我会更满意。"洛肯说着,将注意力转回到朋友身上。

"如果有第二连在我也更高兴,"托迦顿回答,"但谁也没法总是得偿所愿。"

"加维!"一个熟悉的声音喊道。

洛肯转过身,看到耐罗·维帕斯快步走来,士官身后巫师小队的诸位老兵则继续为空降展开备战。

"耐罗,"洛肯说,"有你在真是太好了。"

维帕斯拍了拍洛肯的肩甲,他在63-19星球上丢掉的天然臂膀已经被生化义肢所取代。"我可不会错过这个。"他说。

"我明白你的意思。"洛肯回答。自从他们上一次站在复仇之魂号的甲板上列队出征,作为同袍兄弟为帝皇投身沙场已经过去了太久。耐罗·维帕斯和洛肯是老朋友,他们的交情要追溯到那些早已被淡忘的训练岁月,身边能有这样一张熟悉的面孔让人很安心。

"你听到从伊斯特凡传来的情报了么?"维帕斯问道,他的眼睛熠熠闪亮。

"听说了一些。"

"他们说敌人的领袖阶层是某种灵能者,而且他们的士兵都是狂热的疯子。光是想想这些我就开始亢奋了。"

"别担心,"托迦顿说,"我相信你能把他们都干掉。"

"这就像戴文一样。"维帕斯兴奋地龇着牙说。

"这不像戴文,"洛肯说,"这和戴文完全不同。"

"你这话什么意思?"

"至少这里不是一片该死的沼泽。"托迦顿插嘴道。

"如果你能和巫师小队一同出击的话我会很荣幸,加维,"维帕斯满怀期待地说,"我的空降舱里还有个位置。"

"感到荣幸的是我,"洛肯回答,他与老友握手的时候突然产生了一个想法,"算上我。"

他向朋友们点点头,随后穿过繁忙拥挤的阿斯塔特人群,走向亚克顿·克鲁兹的孤独身影。耳旁风正带着毫不掩饰的羡慕在旁观望备战场面,洛肯对那德高望重的战士感到同情。作为一个典型案例,克鲁兹表明即便是军团药剂师们也对阿斯塔特的生理机制知之甚少。他的脸上沟壑纵横,如同古老橡树般凹凸不平,但在多年征战的千锤百炼下,他的身体依旧像狼一样结实,尚未因岁月的侵蚀而老朽衰弱。

阿斯塔特的身体是永生的，这意味着只有死亡能够终结他们的职责，洛肯想到这里不禁感觉脊背发凉。

"洛肯。"克鲁兹看见他接近时问候道。

"你不和我们一起下去看看妖鸣堡的风景？"洛肯问。

"唉，我不能去，"克鲁兹说，"我要留在这里等待命令。甚至连预备队里都没有我的位置。"

"如果战帅没有给你安排任务，亚克顿，那么我倒是有件事情给你做，"洛肯说，"如果你愿意帮我一个忙的话？"

克鲁兹眯起眼睛，"什么忙？"

"并非难事，我保证。"

"那就说吧。"

"船上有几名记述者，你可能听说过他们：梅萨蒂·欧丽顿，悠弗拉迪·奇勒，还有凯瑞尔·辛德曼。"

"是的，我知道他们几个，"克鲁兹回答，"怎么了？"

"他们是……我的朋友，如果你能抽时间找到他们，照应一下的话，我会感到很荣幸。只是看他们一眼，确定他们没事。"

"你为什么关心这些凡人呢，连长？"

"他们让我保持诚实，亚克顿，"洛肯微笑着说，"而且他们让我时刻记住，身为阿斯塔特的我们应该成为什么。"

"这我能够理解，洛肯，"克鲁兹回答，"军团在改变，小伙子。我知道你已经听我啰唆过这些了，但我从骨头里相信，有些我们看不到的重大事件即将降临。如果这些人能让我们保持诚实，我就满意了。放心吧，洛肯连长。"

"谢谢，亚克顿，"洛肯说，"这对我而言意义重大。"

"没什么的，小子，"克鲁兹微笑着说，"行了，赶紧滚到战场上去，为生者杀戮。"

"我会的。"洛肯保证道，用战士之间的方式握住了克鲁兹的手腕。

"矛头部队就位。"甲板军官那洪亮的声音响起。

"在妖鸣堡狩猎愉快，"克鲁兹说，"狼神！"

"狼神！"洛肯响应道。

当他向巫师小队的空降舱慢跑过去时，在戴文上发生的那一切仿佛都烟消云散，洛肯重新成了一个纯粹的战士，为必将胜利的一场远征而战，为理当灭亡的一群敌人而战。

只有战争能让他找回身为荷鲁斯之子的感觉。

"胜利！"卢修斯高喊。

帝皇之子对于其战争技艺的完美境界怀有无比的信心，在战斗之前便庆贺胜利已经成了他们的传统。塔维兹毫不惊讶是卢修斯抢先举杯致敬——有很多高阶军官出席了庆典，卢修斯当然要吸引注意力。与他同坐一张奢华长桌的阿斯塔特齐声响应，他们的欢呼在宴会厅的雪花石膏墙壁间回荡。四处悬挂着从敌人手中缴获的战旗，弗格瑞姆选民使用过的可敬武器，以及描述着诸位英雄剿灭异形恶敌的画像，件件都是对昔日胜利的光辉纪念。

原体本人并不在场，因此便由艾多伦负责主持宴会，他高声鼓舞着麾下的阿斯塔特来畅怀庆贺明日的凯旋。卢修斯同样活跃，他带领战友们一次次举起盛满佳酿的金色酒杯。

塔维兹放下杯子，从桌边站起。

"这就要走了，塔维兹？"艾多伦讥笑道。

"是啊！"卢修斯插嘴道，"我们才刚刚开始庆祝！"

"我相信你能庆祝我们两个人的份，卢修斯，"塔维兹说，"在发动空降之前我还有事情需要处理。"

"胡扯！"卢修斯说，"你得留下来，和我们讲讲谋杀星球的故事，讲讲我是怎么帮助你打败那群巨蛛怪的。"

战士们欢呼起来，催促塔维兹重新讲述那个故事，但他抬起双手示意大家安静。

"何不由你讲讲，卢修斯？"塔维兹问，"反正我也总是对你的功劳强调得不够。"

"那倒是，"卢修斯微笑着说，"好吧，我来讲。"

"总司令。"塔维兹向艾多伦躬身示意，之后走出了宴会厅的金色大门。利用卢修斯的骄傲是引开他注意力的最好方法。塔维兹会怀念庆功宴会上的战友情谊，但他的脑海里有更为紧迫的事务。

他关闭了宴会厅的大门,此时卢修斯恰好开始讲述谋杀星球上那场不幸的远征,只不过昔日的恐怖开端已经莫名变成了伟大胜利,根据过往经历判断,这种转变从很大程度上都是卢修斯的功劳。

超越者号深处的壮丽大道颇为静寂,战舰深处那一如既往的低沉轰鸣让人感到安心。正如帝皇之子舰队中的很多成员一样,这艘战舰具备着某种古代泰拉宫殿的风格,反射出军团想要将一切事物都渲染上庄严气度的渴望。

塔维兹在战舰中穿行,身旁经过的众多绝美景象足以让木星船匠们敬畏得痛哭流涕。最终他来到了仪式大厅,帝皇之子正是在这座圆形房间里举行仪式,立下誓言,将自己与军团结为一体。与战舰的其他部分相比,这大厅十分昏暗,但壮丽程度毫不逊色:大理石柱支撑着高高在上的宏伟拱顶,同样石材所制的仪式圣坛坐落在大厅边缘,环绕四周的阴影让它们显得光彩熠熠。

弗格瑞姆的选民就是在这里立誓效忠于原体本人,而塔维兹自己则是在服役圣坛前被任命为连长。仪式大厅用庄重替代了华贵,蕴藏着只有军团高阶成员才有资格得知的隐秘知识,并似乎刻意借助这种神秘感来震慑一切访客。

塔维兹在入口处停下脚步,他看到古战士瑞兰诺那难以错认的无畏身躯矗立在奉献圣坛前面。

"进来。"瑞兰诺的合成声音说道。

塔维兹谨慎地走近那古战士,对方的高大轮廓越发清晰,显现出由强壮的活塞式双腿所撑起的坦克状方形铁棺。在无畏机甲宽阔的双肩上,一侧手臂的位置悬挂着突击炮,另一侧则是巨大的液压铁拳。原本俯视仪典之书的瑞兰诺缓缓转动身躯,面向塔维兹。

"塔维兹连长,你为何没有与战士们在一起?"瑞兰诺问道。承载着他视觉回路的观察缝凝视着塔维兹,没有流露出丝毫情感。

"少了我一个他们也能好好庆祝,"塔维兹说,"况且我已经耐着性子听过卢修斯的很多个故事了,错过一次不会有什么损失。"

"的确,他也不合我的口味。"瑞兰诺说道,一阵粗糙的静电噪音从无畏机甲的通信器里传出来。起初塔维兹以为古战士出了什么故障,之后才意识到那是瑞兰诺的笑声。

瑞兰诺是军团中掌管仪典的古战士，在战场之外，他负责监督每个阿斯塔特从新兵一路晋升到弗格瑞姆选民的诸多仪式。几十年前，瑞兰诺在与狡诈的灵族作战时身受重伤，军团的药剂师也回天乏术，不得不将他植入一台无畏机甲，从而允许他继续为军团效力。和卢修斯以及塔维兹一样，瑞兰诺是奉命率部攻陷圣歌城宫殿的高级军官之一。

"我希望与你谈话，尊敬的古战士，"塔维兹说，"事关我们的空降。"

"空降是仅仅几个小时之后的事情，"瑞兰诺回答，"时间紧迫。"

"是的，我拖延了太久，为此我表示歉意，但这与欧多沃卡上尉有关。"

"欧多沃卡上尉牺牲了，在伊斯特凡的战斗中被杀。"

"军团在那天失去了一名伟大的战士，"塔维兹点点头，"不仅如此，他还在超越者号上担任艾多伦的高级副官，负责向地面传达指挥官的命令。在他牺牲之后，并没有人接替这项职务。"

"艾多伦很清楚欧多沃卡的牺牲，他必会选出替代人选。"

"我请求接替这项职务的荣誉，"塔维兹庄重地说，"我熟识欧多沃卡，我愿替他完成在这场战役中的未竟使命，以此作为纪念。"

无畏机甲向塔维兹凑近了一些，冰冷的金属机械难以解读，里面那具战士残躯决定着塔维兹的命运。

"你愿意放弃矛头部队的荣誉，来接替他的职责？"

塔维兹直视瑞兰诺的观察缝，努力让自己神色平淡。瑞兰诺目睹了伟大远征以来军团所经历的一切，据说他能够瞬间辨别出任何谎言。

留守超越者号的请求非同寻常，瑞兰诺一定会怀疑他不想参加战斗的理由。当塔维兹得知艾多伦不会亲自率领矛头部队的时候，他就意识到背后一定另有原因。总司令从来不愿错过展示战技的机会，他任命旁人代替自己指挥实在是闻所未闻。

不仅如此，艾多伦下达的部署命令更是毫无道理。

帝皇之子在发动突击时一向有着严格规整的作战计划，然而此次参加第一波攻势的小队仿佛是随机选取的。他们之间仅有的共同点在于，没有一个人来自艾多伦麾下爱将所领导的战团。对于艾多伦而言，一场亲信战士全部缺席的空降突击不仅前所未有，更是严重的冒犯。

这次空降的情况极为可疑，塔维兹无法抑制地感觉到，这种部队选取方式背后潜藏着某种黑暗目的。他必须搞清楚究竟是什么。

瑞兰诺挺直身躯说道："我会确保有人替换你的位置。你作出了伟大的牺牲，塔维兹连长。这是对于欧多沃卡的可敬缅怀。"

塔维兹努力掩饰心中的宽慰，他很清楚自己对瑞兰诺撒谎是冒着难以想象的巨大风险。他点点头说："谢谢你，古战士。"

"我要加入矛头部队了，"无畏机甲说道，"他们的宴会即将结束，我必须确保他们准备出击。"

"为圣歌城带去完美。"塔维兹说。

"为我们指引前路。"瑞兰诺意味深长地回答。塔维兹突然确信，这个无畏机甲想要将他留在船上。

"履行对帝皇的职责，塔维兹连长。"瑞兰诺命令道。

塔维兹行了一个军礼，"我会的。"瑞兰诺则转身离开仪式大厅，迈着隆隆轰响的沉重步伐走向宴会厅。

塔维兹目送古战士离去，心中猜想他们是否还能相见。

嵌在厚重舰身内部的狭小宿舍星罗棋布，昏暗而闷热，梅萨蒂站在门口尚可遥望到引擎室里众多海员的渺小身影，那些大汗淋漓的劳工冒着等离子反应堆的猩红光辉与灼人热浪埋头劳作。在这地狱般的环境里，他们沿着巨型反应堆之间的纤细走廊往复穿梭，在蛛网般的粗大管道中摩肩接踵。

她抹去眉梢上的汗滴，引擎室附近的灼热温度与密闭空间令她难以适应，有些头晕目眩。

"梅萨蒂。"辛德曼沿着钢架朝她走来。那个宣讲者变瘦了，一件脏兮兮的长袍挂在他的枯槁身躯上，但他眼中闪烁着重逢的欣慰与喜悦。两人真挚地拥抱在一起，对于能够再次相见都怀着无以言喻的感恩。看到这个老人让梅萨蒂泪水满眶，直到此刻她才意识到自己有多么想念对方。

"凯瑞尔，见到你真好，"她啜泣着说，"你就那样消失了。我以为他们把你抓走了。我不知道你的下落。"

"嘘，梅萨蒂，"辛德曼说，"没事了。很抱歉，我一直没办法向你传话。你要明白，我如果有选择的话，就会尽可能不把你牵扯进来，但现在我不知道该怎么办，我们不能让她永远困在这里。"

梅萨蒂透过身边宿舍的小门向里望去，她希望自己能像凯瑞尔一样拥有接受信仰的勇气。"别瞎说了，凯瑞尔。我很高兴你能和我联系，我以为……我以为马罗格斯特或者马迦德已经把你给杀了。"

"马迦德差一点就做到了，"辛德曼说，"但圣人救了我们。"

"她救了你们？"梅萨蒂问，"怎么会？"

"我也不是很确定，但就像当时在档案库里一样，帝皇的神力在她身上显现。我亲眼看见，梅萨蒂，就像站在我面前的你一样千真万确。我真希望你能看到。"

"我也是。"梅萨蒂说着，她惊讶地发现自己确实有这样的愿望。

她走进宿舍，看到悠弗拉迪·奇勒躺在单薄的小床上，如同陷入沉眠般一动不动。这房间拥挤而肮脏，一条薄毯铺在她床边的地板上。

闪烁星光从一个小小的观察孔透射进来，在战舰深处这样一点光亮是无价的，而不用问她也知道，一定是某个人非常乐意地自愿献出了这个珍贵房间，供"圣人"和她的同伴居住。

即便在这昏暗恶臭的角落里，信仰依旧枝繁叶茂。

"我希望我能够相信。"梅萨蒂看着悠弗拉迪的胸口缓缓起落。

辛德曼说："你不相信？"

"我不知道，"她摇摇头说，"告诉我为什么要相信？'相信'对你而言究竟意味着什么，凯瑞尔？"

宣讲者微笑着握住她的手，"这让我拥有了心灵上的支撑。在这艘战舰上有人想要杀害她，而且……别问我为什么，但我就是知道，我需要保证她的安全。"

"你不害怕吗？"梅萨蒂问。

"害怕？"辛德曼说，"我一辈子从来都没有像现在这样惊恐万分，亲爱的，但我必须祈求帝皇护佑我。这赋予了我力量和勇气来直面恐惧。"

"你是个超群的人，凯瑞尔。"

"我并不超群，梅萨蒂，"辛德曼摇着头说，"我只是幸运。我看到了圣人的作为，所以对我而言，信仰是自然而然的。但对于你这就很难，因为你没有目睹任何奇迹。你所能做的只有简单地接受，相信帝皇正在通过悠弗拉迪行使神能，但你并不相信这些，对吗？"

梅萨蒂抽出手转过身去，透过那小小的窗口望着外面的虚无太空，"不，我做不到。现在还不行。"

一道白光闪过，如同飞驰的流星。

又一道接踵而来，又一道。

"那是什么？"她问。

辛德曼凑过来寻找一个更好的视野。

宣讲者显然疲惫不堪，但梅萨蒂依旧能够看到对方体内的力量，那种她之前认为理所应当的力量。她眨动眼睛，拍下了辛德曼面容里的勇气与抗争。

"空降舱。"他指着伊斯特凡Ⅲ的近地轨道说，一个静止不动的闪耀物体与幽暗太空形成鲜明对比。微小光点从它的腹侧如雨点般坠向下方星球。

"我想那是超越者号，弗格瑞姆的旗舰，"辛德曼说，"看来我们一直有所耳闻的那场攻击已经展开了。想象一下，如果我们有幸亲眼看见，那将是何等的景象。"

悠弗拉迪呻吟起来，两人顿时冲到她床边，将这场对伊斯特凡Ⅲ的入侵抛诸脑后。梅萨蒂看着辛德曼充满怜爱地轻轻擦拭悠弗拉迪的额头，她的洁净皮肤仿佛闪着光芒。

在一瞬间，梅萨蒂明白了人们为什么会相信悠弗拉迪是个神迹：她的身体如此苍白羸弱，却又丝毫不受凡间俗世的触碰。梅萨蒂所认识的奇勒是个胆大包天的女人，声名鹊起的她为了拍到一张绝佳照片，从不畏惧直抒胸臆或打破规矩，而现在她已经转变成一个完全不同的存在。

"她要醒过来了吗？"梅萨蒂问道。

"不，"辛德曼哀伤地说，"她偶尔会发出些声音，但她从来不曾睁开眼睛。这真是作孽。有时候我敢发誓，她就在苏醒的边缘，但之后总是重新陷进她脑海里那不知是何模样的地狱。"

梅萨蒂叹了口气，转回头看着外面的太空。

数百枚光点正朝伊斯特凡Ⅲ急速坠落。

在那支矛头直刺敌人心脏时，她低语道："洛肯……"

圣歌城美妙绝伦。

它是建筑学的精品之作，是光线与空间的完美契合，皮特·伊刚·莫马斯甚至恳求战帅不要发动如此粗暴的攻击。比起以帝皇之名发动征战的帝国，这个城市要更为古老数千年，它的广场和街道很快就会血流成河。

在势不可挡的伟大远征面前，整个银河已经变得洁净世俗，但圣歌城依旧是一座属于诸神的城市。

领唱者宫殿是一座令人目眩的花岗岩建筑，无数高墙与拱廊在阳光下熠熠闪耀，如同一朵壮丽的石制兰花向天空绽放，周围富庶街区里那一座座抛光锃亮的花岗岩房屋则恰似紧紧簇拥着宫殿的朝拜者。莫马斯将领唱者宫殿描述为一曲献给权力与荣耀的颂歌，一个代表着伊斯特凡Ⅲ御国神权的标志。

在圣歌城的华贵殿堂与完美建筑之外，大片高层民居绵延四方。由玻璃与钢铁构成的无数走道和桥梁将居住区相互连接起来，圣歌城居民容身于一条条宽阔的林荫大道两旁。

城市的工业区如同钢铁骷髅般攀附在东边的山脉上，日夜不休地喷吐着浓重黑烟，武装整个星球的军队。战争即将到来，每个伊斯特凡人都必须做好准备。

然而圣歌城的一切景象都难以企及妖鸣堡。

即便是宫殿的富丽堂皇也无法掩盖妖鸣堡的光辉，它的冲天高墙让圣歌城倍显矮小。那些造型凶恶的城垛俯瞰众生，妖鸣堡的神圣壁垒让覆雪峰峦都俯首称臣。在它的围墙内部，庞大的陵墓高塔直刺云霄，全身覆满了纪念性的雕刻，讲述着伊斯特凡星球遥远过往的传奇。

传说是伊斯特凡本人吟唱出了创世之音，将这个世界化为现实，而直至今日，那些蒙受赐福的战争歌者依旧能够听到，他还留下了无数儿女，并带领他们开创了这个世界的第一个时代。他们变成了昼与夜，山与海，他们化身为一千个传说，萦绕在圣歌城的一分一秒之中。

更为黑暗的雕刻则描述着失落的子嗣，他们背弃了自己的父亲，因而被流放到第五颗星球的焦灼废土上，他们在那里变成了心怀妒火的怪物，并建造起黑色的堡垒，怨毒地遥望那个昔日的天堂。

战争、背叛、揭示与死亡，这一切都在妖鸣堡周围无穷无尽地流转徘徊，交织成神话，用深重意义将圣歌城牢牢钉在伊斯特凡Ⅲ的土地上，为每一个居民灌注其神圣意图。

伊斯特凡Ⅲ的诸神据说就沉睡于妖鸣堡深处，在孩童和老人的梦魇中低语它们的恶毒阴谋。

在很长时间里，这些神话与传说都一如既往地遥不可及，但如今它们在圣歌城的居民间流窜传播，所有的风声都尖嚎着同样的内容，失落的子嗣回来了。

不明就里的伊斯特凡Ⅲ居民们拿起了武器，未加质疑地遵从瓦杜斯·普拉尔的命令，誓死捍卫这座城市。一支装备精良的军队驻扎在城市西边，好整以暇地迎接那支等待已久的入侵力量，战争歌者们早已用歌声塑造出一片壮观的壕沟网络。

坐落在洁净街道中的火炮部队将炮口指向西边，随时准备在敌人踏入壕沟之后就让他们寸步难行。随后圣歌城的战士们将用精心安排的交叉火力网消灭任何残余敌人。

这个防御体系的规划细致入微，足以抵御任何从城市西边展开的侵略，而那也是敌人唯一一个能够发动攻势的方向。

至少驻扎在壕沟里的士兵是这样认为的。

第一个凶兆便是那黎明之际的天火。

一批陨落星辰在血红色的曙光中从天而降，如同灼热泪滴般烧穿苍穹。

众多哨兵都看到了那些刺向地面的烈焰长矛，随后第一枚流星就在冲天而起的泥土和火焰中砸入壕沟。

消息瞬间在整座圣歌城中传开，失落的子嗣回来了，神话中的预言成真了。

这消息随后便得到了证实，空降舱轰然打开，死亡守卫军团的阿斯塔特从中现身。

杀戮由此展开。

第二部

圣歌城

第八章

地狱的战士
屠杀
背叛

"30秒！"维帕斯大喊道，空降舱急速切入伊斯特凡大气层，震耳欲聋的气流尖啸让他的话语几乎难以辨别。巫师小队的阿斯塔特被笼罩在暗红色的光芒之中，洛肯在心中短暂地想象，当突击全面展开之后，他们会给圣歌城的居民留下什么样的印象——异界士兵，地狱战将。

"我们的降落点看起来如何？"洛肯高声问。

维帕斯瞥了一眼安在头顶上方的显示屏，"偏移了！我们会到达目的地，但不是正中靶心。我讨厌这东西。风暴鸟要强多了！"

洛肯没有费力回答，他连耐罗的话都听不清楚，随着大气层越发稠密，空降舱底部的火箭推进器开始启动。空降舱剧烈颤抖，逐渐升温，与之对抗的巨大摩擦力转化成了噪音和高热。

这最后几分钟分外煎熬，他周围只有噪音，他看不到即将交手的敌人，在空降舱着陆之前他的命运完全脱离掌控。

耐罗说得对，比起这种直落云霄的入场方式，任何战士都更喜欢借助风暴鸟进行外科手术式的精准部署与迅猛突袭。

但战帅决定用空降舱投放矛头部队，他的理由——正确的理由，洛肯得承认——是数千名阿斯塔特毫无预警地砸落在敌人防线中能够引发更具毁灭性的心理震撼。洛肯在脑海中设想着空降舱轰然着陆，舱门随即炸开的那一瞬间，让自己做好准备。

他紧紧握住爆矢枪，第十次检查腰间剑鞘中的链锯剑。洛肯准备好了。

"十秒，巫师小队。"维帕斯喊道。

不到一秒之后，空降舱遭受了巨大冲击，洛肯的脑袋猛地甩向后方，那些噪音顿时无影无踪，一切都归于黑暗。

卢修斯干掉第一个敌人的时候几乎没有放慢脚步。

那个死者的盔甲像玻璃一样闪耀多彩，他手中长柄武器的锋刃也是由同样的反光材料所打造。一块用彩色玻璃制成的面具覆盖着他的脸，一列无色空白代表了口部，其中排布着珠光宝气的三角形牙齿。

卢修斯从尸体里抽回武器，鲜血在剑刃上冒着轻烟，那士兵瘫倒在地。头顶上那道大理石拱廊被初升朝阳涂抹成殷红色，他刚刚跳出的空降舱周围飞旋着尘土和沙粒。

领唱者宫殿矗立在卢修斯面前，姿态宏伟，极具震撼力，如同一朵岩石之花，位居中央的那座高塔便是花蕊，周围的花岗岩结构则是相互交叠的壮丽花瓣。

更多空降舱砸落在他身后，宫殿北门前的这片广场是帝皇之子的主要目标。旁边一个空降舱轰然打开，古战士瑞兰诺从泛着红光的舱体里隆隆现身，他的自动炮已经飞旋着开始搜寻目标。

"纳希卡小队！"卢修斯高喊，"向我集结！"

卢修斯在宫殿内部瞥见一道彩色玻璃的闪光，入口大厅的飞扬石板后面有动静。

其余宫殿守卫从这场突袭的震慑中回过神来，但出乎卢修斯的预料，他们并没有惊恐尖叫或者乞求怜悯。他们甚至没有逃跑，也没有呆若木鸡。

伴随一阵凶猛的怒吼，宫殿守卫发起了冲锋，卢修斯大笑起来，他很高兴能遇到一些有骨气的对手。他平端长剑奔向敌人，纳希卡小队举起武器紧随其后。

一百名宫殿守卫迎面冲来，那些身披玻璃盔甲的敌人显得高雅而华贵。他们在阿斯塔特面前组成阵线，随后端起手中长戟一齐开火。

灼热的银针充斥着卢修斯周围的空间，在他的肩甲和护腿上留下众多刻痕。卢修斯抬起持剑的手臂护住头部，那些银针撞在他的闪耀剑刃上纷纷散落。而它们击中宫殿入口周围的岩石后则像酸液一样嘶嘶作响。

一个纳希卡小队的战士在卢修斯身边倒下，他的手臂被融化了，身躯也冒着气泡。

"完美与死亡！"卢修斯高声呼喊，冒着灼热的银针埋头冲锋。帝皇之子和宫殿守卫最终相遇的轰响如同上百万扇窗户同时炸裂粉碎一般震耳欲聋，长戟枪口的可怕尖鸣顿时被剑刃劈砍盔甲以及爆矢枪近身射击的咆哮所取代。

卢修斯的第一剑斩断了面前敌人的长戟手柄，并撕开对方的喉咙。冷漠无光的玻璃眼睛怒视着他，鲜血从那守卫的残破脖颈中涌出，卢修斯扯下敌人的头盔来仔细品尝他的死亡。

一把等离子手枪吐出液态火舌，将一名敌军士兵从头到脚笼罩在烈焰中，但那人并未停止战斗，而是竭尽全力挥动手中长戟，将利刃深深埋进卢修斯麾下一名战士的躯体，另一名阿斯塔特用链锯剑割下了那个士兵的头颅。

卢修斯单腿扭转身体躲过长戟突刺，将剑柄砸在对手脸上，但那面具在重击之下竟未破损，这让他倍感恼怒。那个守卫踉跄后退，卢修斯则反手持剑，将利刃捅进敌人腰部的盔甲缝隙，他能感觉到长剑的能量力场将躯干和脊柱一并烧穿。

这些守卫在拖延帝皇之子，用自己的性命为宫殿深处的某种事物赢取宝贵时间。虽然卢修斯十分享受杀戮的感受，鲜血的气息，滚滚奔涌的全身血脉，以及能量剑炙烤躯体时的焦臭味道，但他依旧明白放任这些防御者达成目标必将带来高昂代价。

卢修斯继续奔行，他的剑刃一路上斩断臂膀，割裂喉咙。他仿佛踏着华丽的舞步于沙场游走，在这舞台上他扮演着胜利者，而敌人的戏份仅仅是死亡。宫殿守卫在他面前纷纷倒毙，他的盔甲上沾满了敌人的鲜血。他在纯粹的欢愉中畅怀大笑。

众多战士依旧在他身后奋战，但卢修斯必须毫不停歇地前进，以免宫殿守卫在这里堆积更多兵力，阻挡阿斯塔特的突击步调。

"奎蒙迪尔小队！瑞萨林小队！干掉这些人然后跟我来！"

众多帝皇之子涌向卢修斯刚刚撕开的突破口，敌军火力从四面八方倾洒而来。剑客将头探出拐角，看到一片庞大的室内海景。一道瀑布从巨型花岗岩拱顶中央的洞口飞流直下，粉色光柱与水流相伴，在岩石花瓣组成的拱廊间营造出众多绚丽彩虹。

一座座岛屿从这室内海洋中升起，占据着拱顶下方的大部分区域，每一座岛屿上都矗立着白金两色、造型别致的装饰性建筑。

数千名宫殿守卫集结于拱顶之下，在齐腰深的海水中蹒跚前进，在那些装饰性建筑背后寻找掩护。大部分敌人穿戴着玻璃般的盔甲，与卢修斯身后那些行将覆灭的守卫一样，此外也有很多人身着更为华丽的亮银铠甲。还有一些则包裹在修长丝带里，那烟雾般的绸缎如影随形。

瑞兰诺迈入拱顶站在卢修斯身后，他的突击炮冒着青烟，动力拳那凿子一样的手指沾满了鲜血。

"他们已经集结了，"卢修斯厉声说，"该死的吞世者在哪儿？"

"我们将独力打下宫殿。"瑞兰诺答道，他的生硬嗓音从铁棺深处传来。

卢修斯点点头，能让吞世者蒙羞的念头令他颇为愉快，"古战士，掩护我们。帝皇之子，分散前进，掩护火力！纳希卡小队，这次跟上我！"

古战士瑞兰诺从拐角踏出，暴风骤雨般的惊人弹幕立刻铺展在他面前，大口径弹壳和充满油污的黑烟从他肩头的突击炮后面喷发出来。

他的爆破性火力将近处岛屿上的装饰性建筑化作石屑，鲜血淋漓的破碎尸体散落在废墟之间。

"上！"卢修斯大喊，但帝皇之子已经发起了冲锋，他们的训练无比完善，每一个战士都清楚地知道自己在复杂的交叉火力网与行进阵列中是何位置，突击部队顿时冲进了拱顶内部。

卢修斯冲向敌人，狂野的愉悦让他面带笑容，战斗的刺激和杀戮的兴奋为他全身注入一股充沛四溢的美妙能量。

在一阵喧响的旋涡中，完美与死亡降临于圣歌城。

一座诡异的有机建筑如同寄生虫般依附在宫殿南端，那鼓胀湿滑的形态像是自行生长所成，而非建造出来的。它苍白的大理石表面覆满了黑色的脉络，硕大的城垛像熟透水果般低低垂挂。无以计数的大理石纪念碑缅怀着那些品行高尚或能力出众的故去市民，由此判断这里显然是个神圣场所。

这座被称为颂歌神殿的建筑用以纪念圣父伊斯特凡所吟唱的创世之歌。

这也是吞世者的攻击目标。

当第一枚吞世者登陆舱坠落在广场上，震碎陵墓并砸飞石碑的时候，关于这场侵略的消息早已经扩散开来。诡异的音乐在晨光中尖啸，动员圣歌城的居民走出家园，命令他们武装自己。来自附近军营的士兵紧握枪械，战争歌者在神殿的城垛上现身，为入侵者唱响死亡之歌。

受战争歌者的挽歌召唤，城市居民们聚集在街道上，向战场涌去。

吞世者突击队由厄尔伦连长率领，根据安格隆的战前简报，当厄尔伦迈出登陆舱的时候，本以为会遭遇训练有素的士兵，而不是数千名尖叫着冲进广场的市民。他们如同潮水般汹涌而来，手里握着家中所能找到的任何工具，然而让他们具备致命性的绝非简陋不堪的临时武器，而是他们的压倒性数量，以及那咏唱着杀伐与屠戮的歌声。

"吞世者，向我集结！"厄尔伦大喊，他端起爆矢枪瞄准迎面扑来的癫狂人群。

身着白色盔甲的吞世者战士在他身边组成射击阵线，将爆矢枪指向前方。

"开火！"厄尔伦吼道，最前排的圣歌城居民瞬间就被一阵致命齐射撂倒，但那人群如春潮般涌过横陈尸首不断进逼。

随着双方阵营之间的距离逐渐缩短，吞世者战士们纷纷收起爆矢枪，抽出链锯剑。

厄尔伦看到了敌人眼中的狂乱疯癫，他意识到战斗很快将演变成一场屠杀。

而吞世者登峰造极之处恰恰就是屠杀。

"该死，"维帕斯厉声说，"我们肯定是在落地的时候撞到什么了。"

洛肯强迫自己睁开眼睛。透过空降舱的破损裂口漏进来的一束阳光提供了些许照明，足以让他检查自己是不是四肢齐全。

他身上遍布瘀伤，但没有发现其他更严重的伤势。

"巫师小队，依次报到！"维帕斯命令。巫师小队的战士们喊出了各自的名字，洛肯欣慰地发现坠毁时并没有人员折损。他解开自己的抗重力索具，翻身站起，空降舱倾斜到了一个不自然的角度。他从架子上抽出爆矢枪，从空降舱侧面的狭窄裂口中挤了出去。

踏出空降舱之后，洛肯发现他们撞在了一座从高塔侧面延伸出来的石制平台上，受损空降舱周围散落的碎石便是其覆灭残骸。他绕着空降舱转了一圈，发现众人距离地面至少有两百米，被困在了妖鸣堡的宏伟城垛上。

在左侧，洛肯能看到覆满石雕的华美陵墓高塔，而右侧则是圣歌城本身，那壮丽惊人的建筑群沐浴在玫瑰色的朝阳中。从这个位置上洛肯可以俯瞰整座城市，无论是石制花朵般的超凡宫殿，还是城市西边如伤疤般纵横交错的防御工事。

洛肯听见了宫殿方向传来的枪声,他意识到帝皇之子和吞世者已经与敌人展开了战斗。枪声也在下方回荡,荷鲁斯之子的作战单位在错综复杂的神殿和雕像间战斗,沿着陵墓高塔之间的深谷稳步推进。

"我们要找条路下去。"洛肯说,巫师小队正费力地从空降舱的残骸中脱身。维帕斯慢跑过来,手中武器准备开火。

"该死的地面扫描员肯定是漏掉了这些突起。"他嘟囔着。

"看起来是的。"洛肯表示同意,他眼看着另一枚空降舱从陵墓高塔的墙壁上弹开,伴着纷乱四散的雕像碎片继续坠落。

"我们在葬送自己的战士,"他苦涩地说,"必定要有人为此付出代价。"

"看来我们被分散了,"维帕斯俯瞰着妖鸣堡说。在那些陵墓高塔之间,规模稍小的神殿和庙宇如同庞杂拼图般挤作一团。

滚滚黑烟与爆炸火光已经逐渐从恶战中涌现。

"我们需要一个地点进行部队重整,"洛肯说。他转换到托迦顿的通信频道,"塔瑞克?我是洛肯,你在哪儿?"

只有一阵静电噪音传来回应。

他遥望妖鸣堡,看到一座临近高墙的陵墓高塔,它的多层建筑由一根根塑造成怪兽模样的立柱支撑起来,顶端则被一枚空降舱的冲击削平了。"该死!如果你能听到我的话,塔瑞克,就到西边城墙旁的高塔会合,顶端被砸烂的那座。我们在那里重整。我马上下去找你。"

"有回应吗?"维帕斯问。

"没有。通信频道一团糟,肯定受到了干扰。"

"那些高塔?"

"应该是更强大的什么东西,"洛肯说,"走吧。咱们先找条路从这该死的城墙上下去。"

维帕斯点点头,转身面对部下,"巫师小队,分头搜索。"

在巫师小队遵照指令分散开来的时候,洛肯俯身沿着城墙向下望去。他能够分辨出众多微如蝼蚁的身影,阿斯塔特正与身穿黑甲的士兵激烈交火。他转过身,急切地想要找到一条下行路线。

"这里!"卡斯托兄弟大喊,他负责掌管巫师小队的火焰喷射器,"有一条阶梯。"

"干得好。"洛肯说着走过去检视卡斯托的发现。的确,在一尊远古战士的破旧雕像背后,隐藏着一道遁入淡黄石壁的楼梯。

那通道显得颇为粗糙,似乎未经打磨,石壁上满是岁月侵蚀出的坑洼痕迹。

"行动,"维帕斯说,"卡斯托,带路。"

"是,长官。"卡斯托回答,随后便一头冲进那昏暗的通道。洛肯和维帕斯紧随其后,通道入口仅能勉强容纳他们披挂盔甲的高大身躯。台阶向下延伸了大约十米,之后通入一个宽阔低矮的大厅。

"这里的城墙肯定钻满了隧道。"维帕斯说。

"墓穴。"洛肯指着墙上的一个个壁龛说,里面盛放了众多仅存枯骨的衰朽遗骸,其中一些还披挂着破烂的裹尸布。

卡斯托带领他们穿过大厅,随着小队深入墓穴,尸骸越来越多,有些骷髅甚至被叠放在一起。

维帕斯突然转过身,举起爆矢枪,手指紧扣扳机。

"维帕斯?"

"我觉得我听到了什么。"

"我们后面没有人,"洛肯说,"继续前进,保持专注。这地方可能……"

"有动静!"卡斯托说着,用火焰喷射器向前方的黑暗吐出一团橙黄色的明亮烈焰。

"卡斯托!"维帕斯吼道,"报告!你看到什么了?"

卡斯托愣了一下,"我不确定。不管是什么,现在都已经消失了。"

火苗在前方的壁龛中跃动,饥饿地吞噬那些枯骨。洛肯看到前方并没有敌人,只有伊斯特凡的逝者。

"现在那儿什么都没有,"维帕斯说,"巫师小队,保持专注,不要一惊一乍!你们是荷鲁斯之子!"

小队加快了脚步,将这古墓中潜藏敌人的念头从脑海里驱逐出去,快步经过那些着火的墓葬壁龛。

大厅又通向一座更为宽阔的石室,洛肯猜想它一定占据了城墙内部的所有空间。仅有的光亮来自卡斯托手中火焰喷射器枪口的跃动火苗,那黄色的火光映在搭建陵墓的庞大石块上。

洛肯看到一口黑色花岗岩制成的石棺，周围环绕的石雕是一个个跪伏于地的人形，它们低垂头颅，双手被锁链束缚。嵌在墙壁上的石板覆满雕刻图案，描绘着各种仪式性的战争场景。

"卡斯托，前进，"维帕斯说，"找一条下去的路。"

洛肯走近石棺，用手抚摸那庞大表面。棺盖上雕刻着一个人形，但他知道这并非对于棺中逝者的准确描绘：它缺乏面部特征，只有一双用彩色玻璃组成的三角形眼睛。

洛肯能听到外面妖鸣堡传来的歌声，即便隔着层层石壁，一个悠扬起伏的哀伤音调还是从陵墓高塔上钻进了蜿蜒的隧道里。

"战争歌者，"洛肯苦涩地说，"他们在反击。我们必须到下面去。"

那些身穿银色盔甲的宫殿守卫飞了起来。

他们周身环绕着白热的能量弧，从不断逼近的帝皇之子头顶跃过，用安装在手腕上的武器展开袭击，向下方投射出闪耀的柳叶形刀刃。

卢修斯翻滚着躲开一阵冰雹般的刀光剑影，那些银色守卫俯冲下来将奎蒙迪尔小队的两名战士斩首，充能剑刃轻描淡写地切开了他们的盔甲。

卢修斯滑进海水里，发现水面只漫到他的腰部。在头顶上，宫殿守卫的长戟枪正向帝皇之子倾泻银焰，但阿斯塔特在分散前进和开火还击时展现着一贯的钢铁纪律。帝皇之子没有被宫殿防御者的怪异模样所扰乱，自始至终保持着移动阵形和火力掩护。一具尸体倒在他身边的水里，头颅早已被爆矢枪炸飞，鲜血涌入水中绽放出猩红花朵。

卢修斯意识到那些银色守卫速度太快，转向太迅捷了，难以被常规手段所威胁。他只能用一些超出常规的方法了。

一个银色守卫向他俯冲而来，卢修斯能看到对方盔甲上的精美纹路，那些细微的金线像血管脉络般铺在胸甲和腿甲表面，并在面具上组成众多涡旋的图案。

那守卫像海鸟一样滑翔下来，从手腕上射出一柄明亮的刀。

卢修斯用长剑弹开了对方的飞刃，并高高跃起迎击敌人。那守卫在半空扭转身体，试图躲避卢修斯，但为时已晚。卢修斯挥动长剑，用噼啪作响的利刃灼穿了对手的盔甲，将其臂膀连根斩断。鲜血从肩膀上的焦灼伤口中喷涌出来，守卫翻滚着坠向人工海面。

卢修斯和那个死者一同落入水中,溅起大片水花,此时帝皇之子终于接敌。爆矢枪的齐射横扫岛屿,战士们无情地逼近残存敌人。宫殿守卫步步退却,组成越来越紧密的圆形阵线。身着玻璃盔甲的战死守卫高高堆起,那人工海已经变成粉红色,塞满了尸首。

瑞兰诺的突击炮撕扯着身披丝绸的卫兵,任何超凡脱俗的迅捷身手都无法拯救他们,因为整个拱顶内部都被突击炮的弹幕变成了杀戮场。又一个银色守卫跌落下来,爆矢枪子弹穿透了他的盔甲。

纳希卡小队来到卢修斯身边,他凶残地笑着,乐于和更多银色守卫交手。

"他们在逃跑,"卢修斯说,"别让他们站稳脚跟。继续前进。"

"凯瑟隆小队从广场报告,"塞瑟林兄弟说,"吞世者在神殿北部战斗。"

"还在那儿?"

"听起来他们似乎在对抗半个城市的居民。"

"哈!随他们去吧。那是吞世者擅长的事情。"卢修斯带着满腔的优越感笑道。

银河中没有任何事物能与这种感觉媲美,但它已经逐渐暗淡下去,卢修斯知道自己必须寻觅更多敌人来满足对战斗的饥渴。

"我们向王座厅前进,"他说,"古战士瑞兰诺,殿后。其他人,我们去找普拉尔。随我来。如果你们跟不上的话,就去转投死亡守卫吧!"

他的战士们高声欢呼,紧随卢修斯冲进宫殿的心脏。

每一个人都想亲手杀死普拉尔,在城墙之上高举敌酋的头颅,让整个圣歌城都来目睹这一切。

但只有卢修斯确信,普拉尔的人头必将是他的。

超越者号分外寂静却又气氛紧张,众多宫殿般的华美房间一片漆黑,长长的回廊中除了仆役便再无旁人。战舰的尾部引擎的脉动发出暗淡的光辉,只有转向推进器的低吼在舰身中隆隆回荡。每一个岗位都有人值守,每一道防爆门都紧紧关闭,塔维兹能够辨认出这是战斗警戒的情景。

令他困惑的是,伊斯特凡人并不具备前来应战的舰队。

舰身呻吟不已,塔维兹感觉到了金属甲板中传播扩散的深沉震动,在人工重力作出补偿之前他意识到战舰正在转向。自从矛头部队的第一波攻势出击之后,这艘飞船一直在移动,塔维兹明白他对于事态有异的怀疑并不是毫无根据。

按照他早先读过的任务简报，弗格瑞姆的旗舰所扮演的角色是在宫殿和妖鸣堡陷落之后投放第二波攻势。没有任何进行转移的需要。

在攻势展开之后移动战舰的唯一理由便是进入低空轨道准备轰炸。他告诉自己这显然是偏执妄想，但塔维兹知道他必须亲自去探查情况。

他迅速在超越者号上快步穿行，向火炮甲板走去，同时避开宏伟的塔瑟里安大剧场以及壮丽的纪念碑大厅。他时刻确保自己身处那些不会遭到质问的地方，那些不会被人辨别身份的地方。

他告诉过瑞兰诺，自己想要放弃矛头部队的荣誉，替代欧多沃卡上尉担任艾多伦的高级副官，向地面传达指挥官的命令，但他的擅自行动遭到暴露只是时间问题。

塔维兹进入战舰底层，这里远离超越者号的诸多华贵场所，并非帝皇之子时常盘桓的区域。被机仆和劳工所占据的地方更具实用性，塔维兹知道这里不会有人胆敢质问他的存在。

黑暗笼罩了塔维兹，他所处钢架下方就是深达数百米的幽暗裂谷，其中承载着引擎结构。上方则是散发着刺鼻味道的火炮甲板，诸多足以夷平城市的强悍武器便容身于这覆有重甲的庞大壁垒中。

"准备装弹，"一个刚硬冷漠的机械声音回荡开来。塔维兹感觉到战舰又一次调整位置，他能听见星球上层大气使战舰外部装甲逐渐升温所发出的金属鸣响。

塔维兹迈下昏暗钢架尽头的一道铁梯，宽广辽阔的火炮甲板在他面前展开，这是一座纵贯战舰的巨型拱顶大厅。嘶鸣不已的宏伟吊臂装填着火炮，穿过防爆门将坦克大小的弹头从弹药甲板中举起。火炮手和填弹手大汗淋漓地操作着索具，每一门火炮周围都聚集着上百人，他们奋力拖拽粗重的铁链，扳动庞大的拉杆，为炮击进行准备。机仆为火炮操作员分发饮水，机械神教技师则时刻检视这些武器，确保它们调校正常。

这些火炮蓄势待发的场景让塔维兹硬下心来，怒火满腔。他们准备向谁开火？数千名阿斯塔特就在星球地表，向圣歌城展开轰炸简直荒谬，但这些火炮确实已经装填完毕，随时准备将这里化作炼狱。

他怀疑操作那些火炮的船员并不知道他们身处哪个星球的轨道上，甚至不知道他们即将向谁开火。一艘星舰下层甲板里能够形成完整的社会，这些人完全有可能对于自己展开的毁灭行径毫不知情。

他走到台阶最底端，踏上了甲板，天花板高悬在头顶之上，仿佛是崇拜某种毁灭之力的壮美教堂。塔维兹听见越发接近的脚步声，他转身看到了一个身穿机械神教长袍的技师。

"连长，"技师询问道，"出了什么问题吗？"

"没有，"塔维兹说，"我只是来确保一切运转正常。"

"我可以向你保证，大人，为轰炸所做的准备完全依照计划进行。弹头将在第二波攻势进行部署之前发射。"

"弹头？"塔维兹问。

"是的，连长，"技师说，"按照我们接到的作战命令，所有参与轰炸的火炮都装填了携带病毒炸弹的空爆弹头。"

"病毒炸弹。"塔维兹说着，努力压制住技师话语所引发的厌恶。

"一切正常吗，连长？"技师察觉出他表情的变化，于是开口问道。

"我很好，"塔维兹谎称，他感觉自己的双腿随时都会支撑不住，"你可以返回岗位了。"

技师点点头，转身走向一门火炮。

病毒炸弹……

这种极端恐怖的武器受到严格的管控，能够授权使用它的只有战帅本人，当然还有帝皇。

每一枚弹头都将释放生命吞噬者病毒，那是一种恐怖至极的有机体，能够摧毁任何生命形态，在几个小时之内便可将整个星球表面的有机物一扫而光。这份消息的重要性，以及它的深切意义让塔维兹感到头晕目眩，他的呼吸急促而痛楚，他试着整理思绪，回想刚刚得知的事情。

他的军团正准备湮灭下方的星球，塔维兹突然清晰地意识到，这绝不会是一个军团的独立行为。释放足量的病毒弹头来毁灭整个星球的生命，这需要诸多战舰的协作，他在一阵令人反胃的骤然惊惧中明白，这种命令只可能来自战帅本人。

出于塔维兹完全无法猜测的某种理由，战帅决定背叛他麾下整整三分之一的战士，用这狠毒手段将他们一网打尽。

"我必须警告他们。"塔维兹嘶声低语，转身向登机甲板奔去。

第九章

神的力量
重整
荣誉兄弟

昏暗的战略室被几个闪烁绿焰的火盆勉强照亮。军团各支连队的作战旌旗曾高悬于墙边，如今却被战士结社的标志所取代。在矛头部队出击之后，连队的旗帜很快就被撤了下来，这是一个明确无疑的信息：结社已经掌握了荷鲁斯之子的权柄。在战帅昔日会晤舰队官员的平台位置，此刻安放着一座讲坛，静静躺在上面的便是洛加之书。

战帅端坐在战略室的王座里，面对数量繁多的屏幕，检视着来自伊斯特凡的报告。

翡翠色的光芒照亮了他盔甲的边缘，并映射在胸甲正中那枚巨眼徽记的琥珀色宝石上。一排排作战数据在屏幕上奔涌而过，大量图像展示着圣歌城中逐渐拉开序幕的恢弘恶斗。吞世者身陷一场史诗般的鏖战。数千平民涌入领唱者宫殿脚下的广场，前仆后继地向爆矢枪与链锯剑冲去，阿斯塔特屠杀着一拨又一拨的伊斯特凡居民，街道上血流成河。

宫殿本身尚且毫发无损，只有稀疏的几缕黑烟标志着内部的交火，帝皇之子正在宫殿守卫中杀出一条血路。

瓦杜斯·普拉尔很快就会死，然而荷鲁斯毫不关心伊斯特凡Ⅲ逆贼领袖的命运。此人的暴乱仅仅为荷鲁斯创造了一个铲除异己的良机，让战帅可以解决掉那些永远不会追随他剑指泰拉的人。

荷鲁斯抬起头，看到艾瑞巴斯走来。

"首席牧师，"荷鲁斯严厉地说，"现在局势复杂。不要无谓地打扰我。"

"有来自普罗斯佩罗的消息。"艾瑞巴斯神色淡然。那些阴影中的低语者依然萦绕不去，在他脚边窜动，在他腰间的权杖上盘卷。

"马格努斯？"荷鲁斯突然产生了兴趣。

"他还活着，"艾瑞巴斯说，"但并非因为芬里斯的野狼们手下留情。"

"马格努斯还活着，"荷鲁斯怒吼着说，"那么他依旧可能成为威胁。"

"不，"艾瑞巴斯劝解道，"普罗斯佩罗的高塔已经倾覆，马格努斯用强大巫术拯救了部属并逃离家园，那余波尚在亚空间中回荡。"

"总是巫术，"荷鲁斯说，"他逃到哪里了？"

"我现在还不知道，"艾瑞巴斯说，"但无论他逃向哪里，帝皇的走狗都会穷追不舍。"

"所以他要么加入我们，要么孤独赴死，"荷鲁斯沉吟道，"想想看，种种惊天动地的事件都要仰仗区区数人的品性。马格努斯几乎是我最致命的死敌，或许和帝皇本人一样危险。而现在他别无选择，只能追随我们直至结局。如果弗格瑞姆能够说服费鲁斯·曼努斯加入，那么我们就基本宣告胜利了。"

荷鲁斯朝那些显示着圣歌城战况的屏幕随意挥挥手，"伊斯特凡人相信诸神已经降临此地来毁灭他们，从某种程度上讲他们说对了。生命和死亡任由我来播撒。若非神的力量，这还能是什么？"

"洛肯连长，维帕斯士官，见到你们真好。"拉寇斯特士官说，他正躲在一座倒塌的伊斯特凡先祖神殿旁边，"我们一直试图联系其他小队。所有人都分散了。矛头已经破碎。"

"那么我们就在这里重铸它。"洛肯回答。

零星枪声回荡于峡谷之间，他在拉寇斯特身边寻找掩护。这位士官的指挥小队环绕在神殿废墟周围，紧握着爆矢枪，时不时向那些四下奔窜的昏暗人影点射一记。维帕斯和巫师小队的幸存者也和他们一起挤在废墟旁。

敌人穿着古老样式的伊斯特凡盔甲，银黑两色，抛光锃亮，他们携带的奇特武器则如同出土文物一般，是发射熔融银矢的速射十字弓。

在陵墓高塔之间，荷鲁斯之子作战单位已经通过数十场大大小小的恶斗击退了妖鸣堡的敌军，这里涌现了种种英雄事迹与沙场传奇。

"我们有不错的掩护，也有易于防守的位置，"维帕斯说，"我们可以在这里集结所有小队，之后向敌人发动突袭。"

洛肯点点头，此时托迦顿正好弯腰冲到他们身边，对方带领的荷鲁斯之子与拉寇斯特麾下的战士一同在废墟墙边就位。

他向洛肯咧嘴一笑，"怎么来晚了，加维尔？"

"我们得从城墙顶上下来，"洛肯说，"你的人呢？"

"到处都是，"托迦顿说，"他们正在向这座高塔聚拢，但很多小队都被孤立了。妖鸣堡的守军是某种……精锐部队。他们的武器库简直没话说，一大堆古老的玩意，看起来又像是水平很高的技术。"

洛肯点点头，托迦顿继续讲述。

"无论如何，这座高塔算是拿下来了。我让瓦顿和拉寇斯特在下层设立了一个指挥部，我们可以暂时在这里坚守。圣歌城里还有其他三个军团，荷鲁斯之子的剩余部队就在轨道待命。我们没必要——"

"敌人掌握了战场，"洛肯尖锐地指出，"他们可以发动包围。我们脚下到处都是墓穴，他们完全可以绕过防线。不行，如果我们一直据守的话，敌人肯定会找到方法打我们一个措手不及。这是他们的地盘。我们要尽快出击。这是一支矛头部队，我们必须刺进敌人的要害。"

"哪儿？"托迦顿问。

"陵墓高塔，"洛肯说，"我们逐一攻打。冲进去，杀个干净，之后继续。我们要持续逼近，强迫他们转为守势。"

"矛头部队的多数单位都在集结的路上。"拉寇斯特说。

"很好。"洛肯抬头看着神殿废墟周围的高塔回答道。

这座神殿位于一个低谷里，两侧是他们刚刚爬下的那座高塔所在的塔群，神殿本体是一根粗大的石柱，表面雕刻着众多怒目而视的面孔。基座周围的十余条拱廊提供了入口和掩护，其中的深幽黑暗时不时被短暂的枪口火光所点亮。

高塔之间零乱散布着诸多神殿，圣歌城伟大逝者的塑像突兀地矗立在华美的建筑群之间或是神庙的废墟里。

洛肯指着峡谷尽头的陵墓高塔，"一旦我们的人手足够组成一波完整突击，就立刻进攻那个位置。拉寇斯特，动手清理我们周围的神殿，保证出击地点的安全，再派些人到高塔第一层去提供掩护火力。有可能的话就部署重武器。"

枪声从东边传来，洛肯看到阿斯塔特的身影向他们靠近：那是佩戴着艾斯卡伦小队标志的荷鲁斯之子。还有更多战士向他们的位置集结，在神殿之间且行且战，试图重整部队。

"这不仅仅是一片坟墓,"洛肯说,"无论伊斯特凡Ⅲ上发生了什么,这里一定是起源之处。某种宗教力量在作祟,而这里就是它的教堂。"

"怪不得他们都疯疯癫癫的,"托迦顿鄙夷地回答,"疯子都爱他们的神。"

雷鹰的操纵杆很松,这艘飞船一直试图逃离塔维兹的掌控。对于阿斯塔特军械库的新成员,他只接受过最为基础的训练,而且都是在大气层内部进行的,无非是一些低空跨越战场投放部队或者提供火力支援的项目。

塔维兹可以透过机舱的强化玻璃看到伊斯特凡Ⅲ,月牙般的晨昏线在地表缓缓爬行。就在那闪耀新月边缘的某个地方,他的战斗兄弟以及另外三个军团的战士们正浴血奋战,丝毫不知道自己已经遭到了背叛。

"雷鹰,验证身份。"战机通信器里传出一个声音。他想必进入了超越者号的警戒范围,防御炮台已经将他列为目标。如果运气好的话,他还能赶在炮台锁定目标之前争取一点时间,驾着偷来的雷鹰与超越者号拉开更多距离。

"雷鹰,验证身份。"那个声音重复道,他明白自己必须想办法尽量拖延,从而赢得时间逃离防御炮台的火力范围。

"索尔·塔维兹连长,前往坚韧号执行联络任务。"

"等待许可。"

他很清楚自己绝不会得到许可,但每一秒都让他离超越者号更远,离星球地表更近。

他将雷鹰的速度提升到极限,一边聆听通信器中静电噪音的嘶鸣,一边奢望对方能够信以为真,放任他就此脱身。

"停止行动,雷鹰,"那个声音说,"马上返回超越者号。"

"否定,超越者号,"塔维兹回答,"信号正在中断。"

这是个拙劣的手法,但有可能再给他争取几秒。

"我重复一遍,停止——"

"去死吧。"塔维兹回答。

塔维兹检视导航仪,寻找任何追击的迹象,他很高兴地发现自己暂时还没有任何危险,于是便扭动操纵杆,驾着雷鹰向伊斯特凡Ⅲ疾驰而去。

"帝皇之傲号正在路上,"超越者号的高阶甲板军官塞维林说,"但他们的领航员声称遭遇了一些困难。弗格瑞姆大人短时间内无法与我们会合。"

"他有没有提到他的任务进展？"艾多伦在他身后问道。

"通信信号还是非常差，"塞维林犹豫地回答，"我们能够获取的信息并不乐观。"

"那么我们就要借助超群的技艺和军团的完美加以补偿，"艾多伦说，"其他军团也许更野蛮、更坚韧或者更狡猾，但没有一个军团能够企及帝皇之子的完美。无论前方有何障碍，我们都决不能忘记这一点。"

"当然，指挥官，"塞维林说，此时控制面板上亮起一串警报灯。他的双手在面板上飞舞，转过头望向艾多伦。

"总司令，"他说，"我们似乎遇到了一点麻烦。"

"不要和我提麻烦。"艾多伦说。

"防御中心刚刚通知我，他们发现一艘雷鹰正在向星球地表行驶。"

"我们的？"

"看来是的，"塞维林弯腰盯着面板说，"正在确认。"

"驾驶员是谁？"艾多伦质问道，"没有人被授权前往地表。"

"和那艘雷鹰的最后一段通信表明，驾驶员是索尔·塔维兹连长。"

"塔维兹？"艾多伦说，"该死的，他还真是我的眼中钉。"

"肯定是他，"塞维林连长回答，"看来他是从近地侧的登机甲板获取了一艘雷鹰。"

"他的航线方向？"艾多伦问，"精确的方向。"

"圣歌城。"塞维林回答。

艾多伦微笑起来，"他想去警告他们。他以为自己能够力挽狂澜。我本以为他值得利用，但他实在是顽固透顶，如今他的脑袋里又冒出了一个逞英雄的念头。塞维林，派战斗机去击落他。我们现在不可节外生枝。"

"遵命，长官，"塞维林点点头，"战斗机将在两分钟后出发。"

梅萨蒂拧了拧浸湿的软布，敷在悠弗拉迪额头上。悠弗拉迪顿时呻吟颤抖起来，她的双臂胡乱挥打，仿佛是癫痫发作。她看起来像一具尸体般苍白瘦削。

"我在这儿呢。"梅萨蒂说，纵然她并不确定这位深陷昏迷的摄影师究竟能否听到自己的话语。她不知道悠弗拉迪正在经历什么折磨，而这令人感觉很无力。

出于某种难以解释的原因，梅萨蒂留在了凯瑞尔·辛德曼和悠弗拉迪身边，一同在战舰上频繁转移。复仇之魂号如同一座城市，有足够多的藏身之所。

关于他们行踪的消息传播得很快，无论三人逃亡到哪里，都会有满面油污的引擎操作员或是穿着连身防护服的维修工人引领他们抵达安全地点，为他们提供食物和饮水，并借机一窥圣人真容。目前他们正躲在一台引擎的外壳里，这条中空的粗大管道平时都被炽热的等离子与往复运动的巨型活塞所占据。近来这台引擎被拆卸运走接受维修了，于是如此宽阔的空间竟变成了一个隐蔽而秘密的住所。

辛德曼在悠弗拉迪旁边的一条薄毯上沉睡，那老人从未像现在这样精疲力竭。他枯瘦的臂膀布满老年斑，几乎是皮包骨头，脸颊也深深凹陷。

一个引擎工人急匆匆地走到躺在毯子和衣服堆上的奇勒旁边。这工人高大而健壮，赤裸的上身沾满了油污，在圣人近旁温顺地跪了下来。

"欧丽顿小姐，"他敬重地说，"你或者圣人需要什么吗？"

"水，"梅萨蒂说，"干净的水，凯瑞尔说他需要一些纸张。"

那个工人的双眼顿时亮了起来，"他在写东西？"

梅萨蒂后悔自己提起这件事。

"他在整理思绪，准备一场演讲，"她说，"他毕竟是个宣讲者。如果你能找到一些医疗物品的话，我们也用得上，她有点脱水。"

"帝皇会庇佑她。"那个工人满怀忧虑地说。

"我相信他会的，但我们也要尽量帮些忙。"梅萨蒂回答，她试着让自己不要显得高高在上。

深陷昏迷的悠弗拉迪对船员们产生了超乎想象的影响，这本身宛如神迹一般。她的存在似乎让众人的疑虑和愿望都聚焦在一点，转变成献给遥远帝皇的坚如钢铁的信仰。

"我们会尽力，"工人说，"我们在后勤部门和医疗舱里都有人。"

他探出手来，轻轻触碰悠弗拉迪的毯子，低声向他的帝皇献上一句祈祷。在工人离开之后，梅萨蒂也嗫嚅着念出略显敷衍的祷告。毕竟，与伟大远征曾经遭遇过的那些所谓神祇相比，帝皇要真实得多。

"救赎我们，帝皇，"她轻轻地说，"救赎我们脱离这一切。"

梅萨蒂哀伤地低下头，顿时在惊讶中屏住呼吸，她看到悠弗拉迪悸动不已，逐渐睁开了眼睛，像是从沉睡中苏醒。梅萨蒂慢慢伸出手，害怕自己动作太快就会打破这个脆弱的奇迹，她握住摄影师的双手。

"悠弗拉迪，"梅萨蒂柔声低语，"你能听到吗？"

悠弗拉迪·奇勒张开嘴，在恐惧中尖叫起来。

"你确定？"死亡守卫的加罗连长问道，他仰仗自己刚刚替换的机械义肢趔趄行走。义肢中的回转仪尚未与他的神经系统彻底匹配，因此他没能在死亡守卫矛头部队中获得一席之地，并对此倍感恼怒。艾森斯坦号的舰桥暴露在外，这是死亡守卫舰队的一贯风格，莫塔瑞恩反感任何形式的装潢点缀。

舰桥如同一副骷髅骨架般悬垂在战舰腹部，盘踞于头顶的粗大冷却管仿佛是一团金属的肚肠。舰桥船员们伏案操作着嵌在一块平台里的沉思者阵列，面孔被冷冽的蓝绿光芒照亮。

"非常确定，长官，"通信官看着手中的数据板回答，"一架帝皇之子的雷鹰正在穿过我们的警戒区域。"

加罗从军官手中接过数据板，的确如此，一架雷鹰炮艇正从艾森斯坦号面前掠过，它背后紧紧咬着一群战斗机。

"似乎有麻烦了，"加罗说，"设定一条拦截航线。"

"遵命，长官。"甲板军官说道，随即利索地转身向船舵走去。

不消片刻，引擎便苏醒过来，巨型活塞在舰桥周围的朦胧阴影中启动。艾森斯坦号步履沉重地倾斜转向，逼近那艘逐渐驶来的雷鹰。

那尖叫以雷霆万钧之力将凯瑞尔·辛德曼从睡梦中惊醒，他感觉自己的慌乱心脏狠狠敲打着胸膛。

"怎么？"他话刚说出口，就看到悠弗拉迪直直地坐在床上，撕心裂肺地尖叫不止。辛德曼慌忙爬起来，梅萨蒂正试图抱住那厉声呼号的摄影师。奇勒疯狂地扭动挣扎，辛德曼张开双臂冲过去帮忙，像是要把她们两人拥入怀中。

他触碰到悠弗拉迪的瞬间就感觉到了对方身上辐射出的高热，痛楚让辛德曼不由自主地退避，然而他的双手仿佛被死死钉住了。他捕捉到梅萨蒂眼里的惊恐，立刻意识到对方有着同样的遭遇。

他低声呻吟，眼前泛黑，视线模糊，仿佛是心脏病发作一样。诸多黑暗而恐怖的景象在他脑海里涌现，他奋力把持住神志，保持清醒，抵御种种邪恶幻象的凶猛冲击。

死亡笼罩一切，就像翻滚沸腾的漆黑天幕。辛德曼眼看着梅萨蒂精致黝黑的面庞被死亡吞噬，五官容貌迅速腐朽。

黑暗触须在空中蜿蜒扭动，所过之处毁灭万物。辛德曼尖叫着目睹梅萨蒂的血肉从骨骼上脱落，低头发现自己的双手也在面前腐烂消融。他的皮肤纷纷剥离，其下的骨骼如蛆虫般惨白。

一切幻象随即骤然消失，那漆黑腐坏的死亡从他面前褪去，辛德曼再次看到了他们的避难所，与几个小时前他躺下小憩时相比毫无变化。他从悠弗拉迪身边踉跄退开，瞥了一眼梅萨蒂，明白对方也经历了同样的事物——汇聚浓缩的恐怖腐朽。

辛德曼把手放在胸口，感觉他苍老的心脏在超负荷运作。

"喔不……"梅萨蒂呻吟着，"不要……这是……"

"这是背叛，"奇勒的声音突然变得高亢，她转向辛德曼，"而且这正在发生。你必须告诉他们。告诉他们一切，凯瑞尔！"

奇勒闭上眼睛，瘫倒在梅萨蒂怀里抽泣起来。

塔维兹与雷鹰的操纵系统奋力斗争。一道道明亮的殷红光束掠过舱盖——那些战斗机穷追不舍，向他倾泻着激光火力。

他的炮艇翻滚疾驰，伊斯特凡Ⅲ在面前飞旋。

雷鹰后部遭受了一串冲击，他感觉到操纵杆在手中猛然晃动。作为回应，他将自己的飞船向上方狠狠扭转，引擎一边厉声抗议一边拉动炮艇脱离了敌方火力。身后断断续续的轰响告诉他，其中一台引擎已经出现了某种故障。红色的警示灯和危险信号在驾驶舱中点亮。

在战术屏幕上，代表那些战斗机的闪烁光点越来越近。

通信器再次响起，塔维兹伸手打算关闭，他不愿在临死的时候听到什么挑衅和嘲讽，毕竟他已经没有机会去警告战友了。然而一个熟悉的嗓音让他的手僵在半路。"雷鹰即将与艾森斯坦号接触，验证身份。"

听到荣誉兄弟的声音让塔维兹想要欣慰地叫出声来。

"内森尼尔？"他大喊，"我是索尔。听到你的声音真好，兄弟！"

"索尔？"加罗问，"以帝皇之名，怎么回事？那些战斗机是想击落你吗？"

"是的！"塔维兹吼道，他又让雷鹰水平翻转，伊斯特凡Ⅲ在他下方飞旋。漆黑宇宙被红色激光分割成了碎片，死亡守卫舰队则是其中一团闪耀的亮点。

塔维兹继续压榨雷鹰尚存的完好引擎，此时加罗开口追问，"为什么？快点说，索尔，他们几乎要追上你了！"

"这是背叛！"塔维兹喊道，"这一切！我们遭到了背叛！舰队即将用病毒炸弹轰炸星球地表。"

"什么？"加罗语无伦次地问，他的声音里充满了惊愕，"那简直是疯了。"

"相信我，"塔维兹说，"我知道这听起来很荒谬，但作为荣誉兄弟，我要求你前所未有地相信我。我以性命起誓，绝没有向你撒谎，内森尼尔。"

"我不确定，索尔。"加罗说。

"内森尼尔！"塔维兹带着挫败感吼道，"对地通信已经被强制关闭了，如果我不能去警告他们，伊斯特凡Ⅲ上的每一个阿斯塔特就都会死！"

内森尼尔·加罗连长无法将视线从那嘶嘶作响的通信器上移开，仿佛只要用力盯着它就能辨别出索尔·塔维兹的话是否属实。在身边的战术简图上，代表塔维兹所乘雷鹰以及那些追杀战机的光点正急速穿梭。经验丰富的双眼告诉加罗，他只有区区数秒来作出抉择了，他的一切本能都尖叫着否认刚刚听闻的消息。

然而索尔·塔维兹是他立誓所结的荣誉兄弟，那誓言是在普瑞艾克索战役的猩红沙场中立下的，那时他们并肩奋战，浴血拼搏，共同熬过了那场惨烈而悲哀的战争，其他很多深受爱戴的兄弟都不幸殒命。

这样一种在地狱战场里铸就的兄弟情谊和荣誉纽带极为牢固，而且加罗对索尔·塔维兹有着足够的了解，知道对方从来不夸大其词，而且从不撒谎。他无法想象自己的荣誉兄弟会在此刻欺骗他，但整支舰队即将轰炸同袍战友同样令人难以置信。

加罗的思绪如旋风般在脑海中翻卷，他咒骂着自己的犹疑不决。他低头凝视腕甲——上面是塔维兹多年前铭刻的帝国鹰徽，最终意识到自己将作何选择。

塔维兹驾驶雷鹰小幅度俯冲，即刻准备回拉操纵杆并采取气压制动，同时盼望他的飞行高度已经足以让下方星球的大气层提供足够的阻力，让他能够完成自己的计划……

他低头扫视战术屏幕，发现那些战斗机已经移动到两翼，意图在他逐渐减速的时候完成包夹。对于时机的把握至关重要。

塔维兹猛力后拉操纵杆，激活了气压制动。

他顿时被惯性甩向前方，座椅上的抗重力索具紧紧勒住他的胸膛，机舱骤然被明亮的闪光所笼罩，整架炮艇陷入一阵剧烈颤抖。他听见外壳上的轰响，感觉到雷鹰翻滚着脱离了他的操控。

塔维兹愤怒地高声呼吼，意识到那些图谋暗算阿斯塔特战士的人已经赢了，而他对于这场背叛的反抗也毫无意义。一团团火光掠过驾驶舱，塔维兹等待那无可避免的爆炸将自己毁灭。

但这并未发生。

他惊讶地重新握住炮艇操纵杆，奋力恢复正常航行。战术屏幕上一团混乱，剧烈爆炸产生的电磁干扰和放射性残渣如同厚重迷雾般笼罩一切。塔维兹看不到那些战斗机，但在如此强烈的干扰下，对方很可能就藏匿在附近，此刻正将他锁定在靶心。

刚刚究竟发生了什么？

"索尔，"一个满怀伤感的声音说，塔维兹明白荣誉兄弟没有让他失望，"放心吧，那些战斗机已经不在了。"

"不在了？怎么会？"

"我命令艾森斯坦号将他们击落了，"加罗说，"告诉我，索尔，我那样做是否正确，因为如果你说的是假话，那么我已经变成了你的共犯。"

塔维兹想要大笑，他希望老朋友就在身边，如此便可紧紧拥抱对方，感谢这份信任，他明白内森尼尔·加罗仅仅凭借两人方才的短暂对话就作出了毕生之中最为重大的抉择。加罗赋予他的信任和荣誉深厚无比，难以估量。

"是的，"塔维兹说，"你做得对，我的朋友。"

"告诉我为什么？"加罗说。

塔维兹试图想出一些话语来宽慰老友，但又明白无论自己说什么，都不可能软化这场背叛所带来的冲击。于是他说："你还记得曾经向我描述过泰拉吗？"

"记得，我的朋友，"加罗叹息道，"我告诉你即便在当时看来，它也很古老。"

"你向我描述了帝皇的功业，"塔维兹说，"那曾经是个除了蛮人与死亡便一无所有的世界。你讲过冲突年代留下的伤疤，大片冰川化为乌有，整座山脉土崩瓦解。"

"是的，"加罗回应道，"我记得。帝皇接手了那个破碎山河，并于此开创了帝国。这正是我为之奋战的事物，为了对抗黑暗，为了给人类种族留下一片安定国度。"

"那恰恰是正在遭受背叛的事物，我的朋友。"塔维兹说。

"我绝不会允许，索尔。"

"我也不会，我的朋友，"塔维兹立誓道，"你现在要怎样做？"

加罗停顿下来，如今他已经选择了立场，那么下一步作何行动便是最紧要的问题，"我会报告超越者号说我把你击落了。刚才那场爆炸的闪光应该足够掩盖你的行踪，况且你已经处在上层大气里，很快就可以到达地表。"

"然后呢？"

"其他军团必须接受警告，得知当前剧变。唯独战帅有胆量策划这样的背叛，而且他想必拉拢了几位兄弟原体，否则也不可能开展如此大规模的行动。罗格·多恩或者马格努斯绝不会背弃帝皇，如果我可以让艾森斯坦号脱离伊斯特凡星系的话，就能把他们带到这里来：所有人。"

"你能做到吗？"塔维兹问，"战帅很快就会发现你的意图。"

"在他们起疑之前我还有一些时间，但此后整支舰队都会来追杀我。为什么每当我们想要做些正确的事情，总会让同袍牺牲？"

"因为那就是帝国真理，"塔维兹说，"事发之后你能控制住艾森斯坦号吗？"

"可以，"加罗说，"我肯定需要动手，但大部分船员都是意志坚定的泰拉人，他们会与我站在一边。其他人会死。"

尾部引擎颤抖起来，塔维兹明白雷鹰不需多久便要分崩离析了。

"我必须前往地表了，内森尼尔，"塔维兹说，"我不知道这艘船还能坚持

索尔·塔维兹

多久。"

"那么，我们就在此分道扬镳了。"加罗的话语中带着沉重的永别意味。

"我们下次相见，会是在泰拉。"塔维兹说。

"如果我们还能相见，兄弟。"

"我们会的，内森尼尔，"塔维兹承诺道，"以帝皇之名，我发誓。"

"愿泰拉赐你好运。"加罗说完便断开了通信。

几分钟之前塔维兹还在死亡的边缘徘徊，而现在他拥有了希望，或许尚可阻止战帅的背叛阴谋得逞。

他终于意识到，这就是帝国真理的意义。

它代表希望：银河的希望，人类的希望。

塔维兹启动了雷鹰的引擎，将航线目的地锁定为领唱者宫殿，朝圣歌城的腹地全速前进。

第十章

最宝贵的真理
普拉尔
死亡墓穴

底层甲板挤满了前来聆听圣人使徒发表演讲的民众。使徒，这就是人们赋予他的新称号，辛德曼暗想，在这动荡岁月里，他依旧被众人视为榜样，这令他感到十分欣慰。有些自傲，他明白，但毕竟……当局势变化超出掌控的时候，人总要尽力去挽留过往。

辛德曼准备发表演讲的消息在复仇之魂号上迅猛传播，他紧张地向夹层甲板边缘张望，搜寻任何可能出现的危险迹象，以防这份消息不幸传到了平民和记述者之外的人耳中。武装警卫守护着通向夹层甲板的所有路线，但他明白，一旦阿斯塔特或马迦德率领大批士兵出现，那么这里的人就不可能全部活着离开。

大家面临着巨大风险，但悠弗拉迪非常明确地表示，辛德曼必须与群众交流，传播帝皇的圣言，并揭示她所预见到的迫近的背叛。

数千人满怀期待地看着他，辛德曼脚踩着由货箱堆成的临时高台，站在一座讲坛背后，他清了清嗓子，转头扫视梅萨蒂和悠弗拉迪。一部便携通信器已经接通，能够将他的话语传递到夹层甲板最远端的角落里，然而他知道自己久经考验的宣讲者嗓音不需任何机械辅助便可让所有人都清晰听到。通信器的真正意义是将他的演讲传递给那些无法参加集会的群体，战舰技术人员中的信徒已经暗中把线路串联到了广播网络主干里。

辛德曼的话语将在整支远征舰队中回响。

他微笑着面对人群，拿起手旁的杯子喝了口水。

组成这片人海的一张张面孔凝望着辛德曼，急切地想要聆听他的睿智箴言。他该作何宣讲？他低头看看自己在战舰底层逃亡时写下的潦草笔记。他又转头看着悠弗拉迪，对方的微笑让他顿时心神一振。

辛德曼回过头盯着自己的笔记，那些文字显得庸俗而生硬。

他把那张纸揉成一团丢在脚边，悠弗拉迪的赞许就像一剂补药般在老人的四肢百骸中轻快奔涌。

"我的朋友们，"辛德曼开口道，"我们生活在特殊的年代，当下正在发生的剧变必将令你们无比震撼，我也一样。你们来此聆听圣人的言语，但她请我与你们谈话，让我来讲述她所预见的事物，并告诉你们每一个心怀信仰的人必须作何应对。"

他的宣讲者嗓音中蕴含了恰到好处的沉重感，并交织着一种哀痛语气，向众人表明他不愿说出那些代表厄运的可怕言语。

"战帅背叛了帝皇。"他说完这几个字后停了下来，静待那些否认与愤怒的高呼不可避免地充斥整个房间。鼎沸的人声如波涛般此起彼伏，辛德曼任由自己被卷入其中，心里很清楚自己应当何时发话。

"我明白，我明白，"他说道，"你们认为这样的事情超乎想象，而不久之前我也笃信于此，但这是真的。我亲眼所见。圣人向我展示了她的愿景，在见证那一切的时候，我的灵魂如坠冰窖：战争犁过大地留下横陈的尸首，酷烈的狂风包裹着尸骨余烬，人们仰望天空目睹种种奇观，心中尚且幻想着世代平和与繁衍生息。我尝到了空气中的味道，那是浓烈的血腥气息。朋友们，刺鼻的血气就萦绕在那些人的尸体上，那些被我们称作敌人的同胞。这又是为了什么？就因为他们决定不要加入这个好战的帝国？或许他们看得比我们更清楚？或许我们身在其中早已盲目，只有局外人才能辨明真相？"

人群逐渐安静下来，但辛德曼明白，很多人依旧认为他是疯了。这里大部分都是信徒，但也有例外。帝皇超凡圣一这一事实早已得到广泛接受，但并非每个人都能相信战帅会背叛那位光辉神祇。

"当我们加入这场所谓的'伟大远征'时，它的目标在于为银河带来启迪与理性，而遥想当年也确实如此。但看看现在，朋友们，舰队上一次不怀杀戮之心逼近陌生世界已经是什么时候的事情了？我们与无以计数的战争手段同行，那紧张冷酷的围城大军，那浸透了泥水和苦楚的纵横壕沟，那被枪林弹雨撕成碎片的天空。我们的领袖甚至更糟！自称'战帅''寡妇制造者'以及'扭曲者'的人担任我们的代表，那么沿途遭遇的文明又该作何反应？他们所目睹的是身披异虫外壳般铠甲的阿斯塔特，是伴着爆矢枪的咆哮与链锯剑的嘶吼不断进军的阿斯塔特。什么样的文明不会试图反抗我们？"

辛德曼能察觉到人群的态度逐渐转变，他知道自己抓住了听众的注意力。现在他需要挑起人们的情绪。

"看看我们身后都留下些什么！无数座献给杀戮的纪念碑！看看狼神的议庭，那明亮厅堂里陈列的都是血淋淋的战争凶器，我们赞美那残酷的美感，它们则等待着重回沙场的时机。在我们眼中，诸般武器显得奇特有趣，而我们却忽视了那些野蛮工具曾经夺走一个个鲜活生命的事实。亡者无法与我们对话，他们无法乞求我们追寻和平，只能任凭关于自己的记忆逐渐淡去，直到被彻底遗忘。无论是一望无际的墓碑，纪念凯旋的拱廊还是永不熄灭的火苗，全都不能让我们铭记亡者，因为我们不敢回首检视他们的所作所为，以免在自己身上发现同样的东西。"

辛德曼在演讲的时候感觉到一股奇妙的能量灌注全身，话语如同不可阻挡的洪流从他口中娓娓道来，每一个字仿佛都是脱口而出，就好像它们另有源头，来自某种令凡夫俗子永远无法企及的超凡所在。

"这两个世纪里，我们在星辰之间纵横挞伐，但还有太多教训是我们从未学到的。亡者应当成为我们的老师，因为只有他们才是真正的见证者。只有他们明白，战争是一项恐怖可憎的事物，其中永远没有胜利者；一代代人深陷于战争的病态泥沼，那些被军事荣耀、贪婪欲望和扭曲理念所葬送的牺牲者留下了一份遗言，而我们却充耳不闻。"

雷鸣般的掌声从辛德曼面前的人群中爆发出来，迅速传播到整个房间里，他不知道同样的场景是否也在舰队中的其他地方上演。

辛德曼骤然热泪盈眶，他双手紧紧抓住讲坛，激昂的嗓音颤抖不已，"让那些战场上的亡者握住我们的手，用那最宝贵的真理来启迪我们，要和平，不要战争！"

卢修斯骤然停下脚步，面前的房间看似某种王座大厅。地板中镶嵌着精细绝伦的彩砖图案，密集交缠的涡旋纹路仿佛涌动不止。爆矢弹四下横飞，在多彩石砖上溅起无数碎屑，他冲到一架巨大的竖琴背后寻找掩护。

创世之初的音乐在他身边回荡，充斥着领唱者宫殿的中央高塔。水晶吊灯悬挂在壮阔的花岗岩石雕花瓣上，伴着下方的战场轰鸣而颤抖闪烁。厅堂里摆放着各式乐器，由经过改造的特殊机仆操纵，一同奏响战争歌者的神圣旋律。巨型管风琴的高大音管刺穿了一束束乳白色的晨光，旁边是众多镶金铃铛与数排青铜囚笼，被禁锢于此的秃头歌者们盲目而狂热地吟唱不休。

悠扬竖琴伴着枪响奏出和弦，管风琴在爆矢弹的摧残下嘶吼着不和谐的音调。暴雨般的火力往来飞掠，让整个房间都充满了炽热金属与死亡气息，战斗和音乐争相营造最为震耳的噪音。

仅仅是沉浸在这轰响噪音中就让卢修斯感觉充沛，每一个尖鸣的音调和每一发咆哮的子弹都为他注入四溢横流的暴力欲望。

卢修斯从竖琴后面探出头，如此深入而迅猛的突击让他既疲惫又亢奋。他们在宫殿里杀出一条血路，歼灭了几千名身穿银黑盔甲的守卫，终于抵达了王座厅。

躲在掩体背后的卢修斯看到，自己身处第二圈乐器之间，前方就坐落着领唱者高台。一个壮观的王座背对着他，那由黄金与翡翠堆砌而成的华美艺术品周围环绕着一圈讲坛，上面各自放有一册厚重乐谱。

枪弹将其中一本乐谱轰成碎片，印着音符的飞扬纸屑在王座边飞扬飘散。

宫殿守卫聚集在王座厅远端，簇拥着一个身穿金甲的高大身影，那人周身环绕着各种金属管，背后则伸出一些像是扩音器的装置。卢修斯看到更多守卫从其他通道蜂拥而入，炽热银针如暴雨般迎面袭来，这些刚刚抵达的增援敌军立刻向帝皇之子发起冲击，一场焦灼鏖战随即爆发。

"我得承认，他们还算有些骨气。"卢修斯嘀咕道。

链锯剑和爆矢手枪轰鸣着击打盔甲，雨点般的银火在一架架勉强担当掩体的镶金乐器之间飞过。每一阵齐射都将更多硬木框架撕成碎片，那些依旧端坐在华丽键盘前或是用金属手指拨弄琴弦的机仆纷纷殒命。

而那音乐依旧飘扬。

卢修斯向身后瞥了一眼。纳希卡小队的一名战士在冲向卢修斯时倒下了，纤细银弹穿透了他的头颅。那尸体重重倒在卢修斯脚边。纳希卡小队如今只有三名幸存成员，而且与部队领袖分散了。

"古战士瑞兰诺，出击！"卢修斯向通信器大喊，"给我提供掩护！各战术小队，向王座厅集结，把宫殿守卫引过来！纯正与死亡！"

"纯正与死亡！"帝皇之子纷纷响应，在超群的战术配合下快速突进。一个身穿银甲的宫殿守卫被爆矢枪撕成碎片，残破的躯体翻滚坠地。披挂玻璃战甲的染血尸体倒在遍布弹痕的损毁乐器上。众多机仆的手掌早已经化作焦灼残骸，暴露出枯骨和缆线，但它们依旧抽搐着试图继续演奏。

帝皇之子利用一支支小队和一波波弹幕不断进军，只有最完美的军团才能冒着如此凶猛的枪林弹雨发起突击。

卢修斯冲出掩体，一头扎进这战火旋涡。银色弹片在他身上震碎。

瑞兰诺的无畏机甲身躯迎面撞翻了一排巨大的钟鼓和铃铛，伴着那震耳欲聋的毁灭轰响朝敌人开火。盔甲上缚有修长丝带的宫殿守卫在链锯剑和爆矢枪面前翻转腾挪，如同矫健舞者般避开刀锋与子弹，同时用单分子利刃割裂躯体。

穿着玻璃盔甲的守卫高举手中长戟，组成紧密阵型发动攻势，但这些敌人完全无望匹敌帝皇之子那训练有素的反冲锋。在充斥着整个王座厅的死亡旋涡与烈焰风暴中，阿斯塔特一丝不苟的完美战术依旧犀利。

卢修斯在一片枪弹之间躲闪穿行，向那个披挂金甲的身影靠近，闪亮弹片打在他剑刃的能量力场上消于无形。

对方的铠甲显然很古老，却是华贵非凡，堪比帝皇之子总司令的披挂。他手持长矛，握柄两端各探出一道尖啸不已的致命音波。卢修斯俯身避开那武器的一记挥砍，敏捷地滑步侧移，将手中利剑刺向对手腹部。

然而敌人应对之快超乎预料，那长矛立刻回转，用刺耳的噪音冲击将长剑震开。卢修斯向后一跃，躲开了金甲武士用肩头的管道与扩音器发出的死亡声波，彩砖地板则被犁出了一道破碎沟壑。

一名宫殿守卫倒在卢修斯脚下，其胸膛被瑞兰诺的炮火洞穿，另一名敌军士兵的双腿被纳希卡小队成员挥剑斩断。

帝皇之子冲上前来提供协助，但卢修斯挥手示意战友们退后——这个人头绝不可旁落。他纵身跃上王座高台，那金色武士的剪影被高大天顶洒下的微光所照亮。

长矛尖啸而来，卢修斯低身闪避，随即猛扑向前。他刺出手中利剑，但锋刃被一个完美的高音所扭转，顿时错过目标埋入高台地板。卢修斯奋力拔出武器，那长矛则步步紧逼，剃刀般的音律从他身边擦过，烧焦了紫金两色的肩甲。狂怒战火在他周围熊熊燃烧，但那无关紧要，因为卢修斯明白自己的对手必定是这场反叛的首脑。

只有瓦杜斯·普拉尔才能召集如此强悍的护卫。

卢修斯再次避开攻击，纵身闪到普拉尔背后，挥剑砍向那些扩音器和话筒。金属装置面对闪耀的剑锋迎刃而解，令一股甜美快意涌上他心头。

断裂管道顿时爆发出可怖的轰响，卢修斯被这冲击波的强悍力量从高台上震飞出去。

卢修斯的盔甲遍布裂纹，但那乐声却骤然清晰无比，他感觉到旋律所蕴藏的力量萦绕全身，那是一种光辉纯净、毫无杂质的感触。音乐在他的血脉中鸣唱，向他承诺着未来的无尽荣耀，让他沉溺于脱缰无羁的音乐、光线与感官的享受。

卢修斯发现了灵魂深处的音乐，他明白自己需要它，需要更多，这超越了他有生以来的任何需求。

他抬头看到那金色武士轻捷地从王座上一跃而下，看到那饱含力量与希望的音乐如同行云流水般在空气中飞旋。

"你的死期到了。"卢修斯说着，让死亡之歌充满身心。

事后这个地方被称为死亡之墓，洛肯从未见过如此令人反胃的场景。即便是戴文卫星上那些倾吐行尸走肉的沼泽也没有这里糟糕。

尖锐刺耳的战斗声响是一曲音调不断攀升的炼狱之歌，这景象无比恐怖。死亡之墓里填满了亡者，屠宰场一样的尸堆上虫蝇纷飞，腐败邪秽如同滚水般沸腾。

洛肯与荷鲁斯之子身陷一座陵墓高塔腹中，其内部空间比外面看起来要大得多，深深凹陷的地板形成一个巨坑，无数尸首就被弃置于此。这古墓所埋葬的是死亡本身。沾满血迹的黑钢被塑造成涡旋形状，组成了一座占据整片巨坑的陵墓，顶端则放置着一尊圣父伊斯特凡的雕像，他是一位蓄着威严胡须的天庭神祇，负责引导万千信众的灵魂，并将其余异端抛入天空，让他们与那些失落子嗣一同遭受苦难。

一个战争歌者据守在圣父伊斯特凡的漆黑肩膀上，尖吼出一曲死亡哀歌，那声音震荡着洛肯的神经，让他的四肢刺痛不已。数百名伊斯特凡士兵聚集在深坑周围，受那尖锐的死亡之乐所驱役，一边疯狂开火一边冲向阿斯塔特。

"干掉他们！"洛肯高喊，而在他喘上第二口气之前敌人就已经逼近。矛头部队的阿斯塔特从这座陵墓高塔的诸多甬道里冲出来，面对迫近的敌人立刻抬起爆矢枪予以还击。在两军相遇之前，洛肯便扫空了一整个弹夹。

超过两千名荷鲁斯之子卷入战争，死亡之墓顿时变成了一座残杀屠戮的宏伟舞台，恰似古罗马的斗兽场。

"保持距离！背靠背，前进！"洛肯大喊着，但他难以奢望麾下战士们能在通信器里听到他的声音。那尖叫震耳欲聋，每一个伊斯特凡士兵都张大了嘴，迎合着战争歌者的嘶鸣音乐厉声呼吼。

洛肯在迎面涌来的人潮中劈开一道血红色的弧线，维帕斯也用修长的链锯剑肆意砍杀。战略和军备此刻都毫无意义，这场恶斗仅仅是你死我活的白刃战。

这样的争斗只能有一种结果。

洛肯心中充满了憎恶。他之前见过更惨烈的场景，所以这并非源于环绕四周的死亡与鲜血，而是因为整场战争便是个巨大的浪费。他正在杀戮的人……这些生命本可以有些意义。他们本可以接受帝国真理，携手铸就崭新的银河，让全人类重归统一，在帝皇智慧的引导下走向充满奇迹的未来。然而他们遭到了背叛，被一个腐化领袖转变成失心狂徒，注定要为一个谎言而葬送自己。

大好的生命被浪费了。没有什么比这更加背离帝国的初衷。

"托迦顿！带领阵线前进。逼退他们，给远程武器拉开距离。"

"说得轻巧，加维！"托迦顿回答，他的语音中掺着骨骼折断的脆响。

洛肯环视四周，看到拉寇斯特小队的一名战士正要用爆矢枪开火，却被蜂拥而来的敌军拖倒。众多鲜血淋漓的残破手指拉低了枪口，那个战斗兄弟顿时淹没在人潮之下。洛肯低身猛冲过去，碾过一个个对手，但更多敌人扑了上来，用刀刃与子弹敲击他的盔甲。

洛肯怒吼一声，用链锯剑撕碎了一个披甲守卫，奋力逼退面前的敌人，并利用这个瞬间举起爆矢枪开火。一阵全自动射击将整枚弹夹的子弹送进了密集人群中，将他们炸成一团猩红残肢与损毁盔甲。

他迅速换上新弹夹，向那些企图压倒荷鲁斯之子战友的敌军开火。众多阿斯塔特抓住一切时机展开推进，或是拉开距离以便使用枪械。另外一些战士用自己的火力协助身后的同僚。

战争歌者的尖锐音调骤然转变，洛肯感觉仿佛有生锈的铁钉正透入脊柱。他稍一松懈，敌人立刻涌了上来。

"托迦顿！"他盖过这震耳噪音高喊，"干掉那个战争歌者！"

"抱歉，战帅，"马罗格斯特开口道，打断战帅对地表局势的关注令他颇为紧张，"有一些情况。"

"城市里？"荷鲁斯低着头问道。

"在战舰上。"马罗格斯特回答。

荷鲁斯不悦地抬起头，"讲清楚。"

"首席宣讲者，凯瑞尔·辛德曼……"

"老凯瑞尔？"荷鲁斯说，"他怎么了。"

"看来我们误判了此人的品性，大人。"

"什么样的误判，马尔？"荷鲁斯问，"他只是个老人。"

"确实如此，但他很可能是我们至今遭遇的最显著威胁，大人，"马罗格斯特说，"他现在变成了一个领袖，被他们称为使徒。他——"

"领袖？"荷鲁斯打断道，"谁的领袖？"

"舰队中的平民、船员以及圣言录信徒的领袖。他刚刚向整个舰队发表了演讲，号召人们反抗军团，声称我们是战争贩子，控诉我们背叛帝皇。我们正在追踪信号的来源，但想必他早已脱身了。"

"我明白了，"荷鲁斯说，"这个问题本应在伊斯特凡之前得到解决。"

"我们辜负了你，"马罗格斯特说，"那个宣讲者将和平诉求与强烈的宗教信仰糅合在一起。"

"这绝非意料之外，"荷鲁斯说，"辛德曼之所以获选加入我的舰队，恰恰是因为他能够劝服驱使最为叛逆的乌合之众。若是将宗教狂热融入此等技巧，他就的确是个危险人物。"

"他们相信帝皇是神圣的，"马罗格斯特说，"而我们的行为则是亵渎。"

"这是个腐化人心的信仰，"荷鲁斯沉思道，"而信仰可以成为一种非常强大的武器。马罗格斯特，看来我们低估了信仰热忱之人所具备的潜力，即便他只是一介平民。"

"你有何吩咐，大人？"

"我们未能恰当地处理这个威胁，"荷鲁斯说，"在瓦尔瓦鲁斯还有那些爱惹麻烦的记述者得到启迪的时候，这个威胁本该一同覆灭。如今我们的计划处于最为敏感的阶段，而我却不得不为此分心。轰炸很快就要开始。"

马罗格斯特躬身道："战帅，辛德曼和他的同伙一定会被剿灭。"

"下次我再听到那几个名字，定是他们的死讯。"荷鲁斯下令。

"如你所愿。"马罗格斯特承诺道。

"蠢货！"普拉尔厉声说，他的嘶哑嗓音饱含厌恶，"你眼中当真没有这个世界吗？你看不到自己图谋毁灭的奇迹吗？这是一座属于诸神的城市！"

卢修斯翻身站起，那道将他从王座高台上震飞的冲击声波余韵犹在，但他知道死亡之歌此刻为他一人奏响。他猛冲上去，但普拉尔挡开了他的攻击，巧妙地用长矛进行防守。

"这是一座属于敌人的城市，"卢修斯笑道，"我只在乎这一点。"

"你对银河的音律充耳不闻。而我听到的远超于你，"普拉尔说，"或许你值得怜悯，因为我有幸聆听诸神之声。我早已明了，睿智的神祇们诅咒了这个银河。"

卢修斯面对普拉尔大笑道："你以为我关心这些？我只想杀掉你。"

"诸神唱出了你们的帝国真理将要怎样荼毒银河，"普拉尔厉声呼吼，他的优美声音中满是轻蔑，"那是个充斥着仇恨与恐惧的未来。在诸神向我展示那湮灭之歌以前，我一直懵懂无知。但现在，我的职责就是终结你们的远征。"

"你可以试试看，"卢修斯说，"即便我们今日全军覆没，也会有更多战士卷土重来：十万个，一百万个，直到这个星球化为尘埃。你的卑微反叛早已终结。你只是还不明白罢了。"

"不，阿斯塔特，"普拉尔回答，"我已经完成使命，引导你们踏入了这口命运的坩埚。我的职责达成了！如今只剩下浴血厮杀，祭奠圣父伊斯特凡。"

卢修斯跃向一旁，普拉尔超群的佯攻手法如剃刀般犀利，但这位剑客曾与更为强大的敌人交手，并向来技高一筹。死亡之歌在他脑海中激荡，他对普拉尔的一举一动了如指掌，那歌声用某种超乎理解的方式传来耳语，让卢修斯本能地意识到，这种力量让自己此生经历的一切都相形见绌。

他向普拉尔发动了一阵暴雨般的猛攻，迫使对方步步退却，无论普拉尔的招架技巧多么精妙，每一剑的走势都越发凶险。

普拉尔眼神里流露的一丝恐慌为卢修斯注入了凶残的胜利感。尖厉嘶鸣的音波长矛发出了最后一道单调呼号，随后就被卢修斯剑刃上的能量力场震成碎片。

剑客流畅地扭转身躯，双手持剑将利刃刺入普拉尔的胸膛，剑锋瞬间灼穿了金色盔甲、肋骨和内脏。

普拉尔跪倒在地，行将毙命，嘴唇麻木地微微翕动，鲜血从那巨大的创伤中喷涌而出。卢修斯扭动剑刃，享受着普拉尔肋骨断折的脆响。

他脚踏普拉尔的躯干抽出长剑，愉悦地俯视落败对手的尸体。

在他周围，帝皇之子已经歼灭了残余的宫殿守卫，而随着普拉尔的死，卢修斯血脉中奔腾的歌声便渐渐淡去，他顿时对这场战斗兴趣索然。卢修斯转身走向王座，心底已经渴望让那音乐再次充盈全身。

王座背对着他，他看不到是何人端坐其上。一台控制面板在王座前方忙碌运行，像是个极度繁复的齿轮键盘。

卢修斯转到王座正面，看到了那个目光呆滞的机仆。

它的头颅被安放在一具包裹金属的枯瘦躯体上，各个内脏器官全无踪影，取而代之的是黄铜齿轮。叮当作响的机械装置从它胸口延伸出来，阅读着王座周围那些乐谱上的音符，而机仆的双手则由金属与缆线组成，双手各有二十根指头，此刻正在控制面板上飞舞。

失去了普拉尔的音乐开始走调错拍，那和谐的韵律分崩离析。卢修斯明白这永远无法替代自己与普拉尔决斗时的体验。

一股无名怒火骤然迸发，卢修斯将手中长剑挥作一道闪亮圆弧，伴着四下飞溅的橙红火花把控制面板斩为两半。那可怖的音乐顿时变成一阵濒死呼吼，震耳欲聋的凄厉哀号撼动着宫殿的石制花瓣，之后便逐渐消退，如同一场被忘却的噩梦。

那创世音乐终结了，在伊斯特凡全球，诸神的声音都沉寂下来。

一阵枪声吸引了洛肯的注意力，他正身陷苦战，奋力抵挡数十名宫殿守卫刺来的闪亮长戟。在他身后，托迦顿将矛头部队列成一道射击阵线，用爆矢弹敲打着死亡陵墓的黑钢结构。战争歌者顿时像一只濒死的小鸟般瘫落在圣父伊斯特凡的塑像肩头。

战争歌者倒下了，她临终的尖叫逐渐消散，残破的尸首砸在死亡陵墓的华美雕饰上。

"她死了！"托迦顿的声音在通信器中响起，显然他对于敌人轻易赴死感到颇为惊讶。

"我们损失了多少？"洛肯问道，战争歌者的陨落让敌军士兵立刻溃散，而他怀疑对方全线撤退背后另有原因。伊斯特凡刚刚经历了某种剧变，但他还不知道究竟是什么。

"查戈拉特小队基本全灭，"托迦顿回答，"还有很多其他伤亡，在我们离开这地方之前难以确定，还有另一件事情……"

"什么？"洛肯问。

"拉寇斯特说我们和轨道失去了联系，"托迦顿说道，"没有任何信号。就好像复仇之魂号根本不存在一样。"

"这不可能。"洛肯扫视四周，寻觅拉寇斯特士官的熟悉身影。

他在尸坑边缘看到了对方。托迦顿和维帕斯跟着他一起走过去，托迦顿说："无论可能还是不可能，他就是这么告诉我的。"

"其余的突击部队呢？"洛肯蹲在拉寇斯特身边问道，"宫殿情况如何？"

"他们倒是能联系上，"拉寇斯特回答，"我接通了吞世者的厄尔伦连长。听起来他们位于宫殿门外。那纯粹是一场屠杀，至少死了数千平民。"

"泰拉在上！"洛肯叹道，他完全可以想象到吞世者对屠戮的专精，以及圣歌城中血流成河的景象，"他们能联络到轨道舰队吗？"

"他们腾不出手来，连长，"拉寇斯特回答，"即便他们能联系上征服者号，恐怕也无暇为我们转达任何信息。我从厄尔伦那里只了解到他在赤手空拳杀戮平民，没别的了。"

"宫殿呢？"

"没有任何消息，我无法联系到帝皇之子的卢修斯上尉。自从他们进入宫殿之后就一直存在极强的通信干扰。除了某种音乐之外什么都听不到。"

"那就试试联系死亡守卫。他们和审判日在一起，我们可以借助泰坦传递信息。"

"我会试试的，长官，但情况看起来并不乐观。"

"这原本早该结束了，"洛肯厉声说，"显然圣歌城不会因为领袖阵亡而轻易崩溃。或许吞世者这次说对了。或许我们必须把敌人消灭干净。我们现在需要立刻部署第二波攻势，如果我们不能和战帅取得联系，这必将变成一场旷日持久的战役。"

"我会继续尝试。"拉寇斯特说。

"我们需要与其他突击部队会合，"洛肯说，"我们在这里孤立无援。我们需要向宫殿进发，找到吞世者或者帝皇之子。闲坐在这里没有任何意义。我们仅仅是在给伊斯特凡人一个包夹合围的机会。"

"有很多敌军挡在我们和其他突击部队之间。"托迦顿指出。

"那么我们就全军出击。坐以待毙是没法夺取这座城市的。"

"同意。我在西部城墙看到了一座大门。我们可以从那里进入市区，但这条路可不容易走。"

"很好。"洛肯说。

"这是个陷阱，"梅萨蒂说，"一定是。"

"你或许说对了。"辛德曼同意道。

"我当然说对了，"梅萨蒂说，"马罗格斯特图谋杀死悠弗拉迪。他豢养的刺客马迦德也差点把你杀了，还记得吗？"

"我记得很清楚，"辛德曼说，"但考虑一下这个大好机会。到时候足有几千人在场，他们不可能在众目睽睽之下动手。兴许都不会有人注意到我们。"

梅萨蒂俯视着辛德曼，她难以相信这个年迈的宣讲者能够如此天真。就在战帅发出邀请的几个小时之前，他不是刚刚向成百上千人发表了演讲吗？而现在他却打算和战帅同处一室？

适才他们在睡梦中被一个引擎工人叫醒，后者将一卷告示塞进了辛德曼颤抖的双手。在满怀忧虑地与梅萨蒂对视之后,辛德曼阅读了纸上所写的内容。那是战帅下达的命令，他准许所有记述者前往复仇之魂号主接见厅，见证伊斯特凡Ⅲ的最终胜利。文中提到，战帅对于阿斯塔特和记述者之间出现的巨大鸿沟倍感惋惜。战帅希望借助这慷慨姿态驱散一切担忧，表明任何嫌隙都绝非他刻意所求。

"他一定觉得我们是傻子，"梅萨蒂说，"他真以为我们会中计？"

"马罗格斯特十分狡猾，"辛德曼说话间把告示重新卷起来放在床头，"他已经称不上是个战士了。他推断任何记述者都无法抗拒这个邀请，试图借此把我们三个赶到明处。如果我是个品德低劣之人，那么或许还会很赞赏他。"

"所以我们更不应该落入他的陷阱里！"梅萨蒂高喊。

"啊，但万一这是个真诚的邀请呢，亲爱的？"辛德曼问道，"想象一下伊斯特凡Ⅲ的地表会有何等景象！"

"凯瑞尔，这是一艘巨大的战舰，我们可以躲上很长时间。等到洛肯回来之后他可以保护我们。"

"就像他保护了伊格内斯一样？"

"这样说不公平，凯瑞尔，"梅萨蒂说，"在我们脱离伊斯特凡星系之后，洛肯能帮我们离开这支舰队。"

"不。"梅萨蒂身后的一个声音说道，两人一同回望悠弗拉迪·奇勒。她已经苏醒，在梅萨蒂听来对方的声音许久没有如此洪亮了。她的健康状况在档案库火灾之后也大有改善。过了这么久，能够再次看到悠弗拉迪行动如常，梅萨蒂还是感到有些难以置信，她微笑着面对自己的朋友。

"我们要参加。"悠弗拉迪说。

"悠弗拉迪？"梅萨蒂说，"你真的……"

"是的，梅萨蒂，"她回答，"我很认真。是的，我很确定。"

"这是个陷阱。"

"我不需要帝皇的愿景也看得出来。"悠弗拉迪笑着说，梅萨蒂察觉到她的笑声略显勉强，甚至有些阴暗。

"他们会杀了我们。"

悠弗拉迪露出微笑，"是的，他们会的。如果我们躲在这里，他们最终一定会抓到我们。船员里有我们的信众，但同样有我们的敌人。我不能让帝皇的教会默默消亡。阴影与谋杀不会是结局。"

"我说，奇勒小姐，"辛德曼强迫自己采用轻快的语调，"现在你听起来逐渐像我的口气了。"

"或许他们最终会找到我们，悠弗拉迪，"梅萨蒂说，"但我们也没必要送上门去。我们既然可以多活一阵，又为什么要让战帅得偿所愿？"

"因为你们必须见证，"悠弗拉迪说，"你们必须目睹。这是命运，这是背叛,若非亲眼所见的话,这超乎想象的事实任谁也无法理解。在这件事上请对我抱有信心,朋友们。"

"这已经不是信心的问题了,对吗?"辛德曼说,"这是——"

"这是我们跳出记述者角色的时候了,"悠弗拉迪说,梅萨蒂在她眼中看到了一股光芒,随着她侃侃而谈变得越发明亮,"帝国真理正在消亡。在经历63-19星球上所发生的一切之后,我们一直在目睹它日渐枯萎凋零。要么为其殉葬,要么追随帝皇。这个银河太单纯,无法用复杂情势掩蔽我们,而帝皇也无法引导那些对自身信仰摇摆不定之人来行使意志。"

"我会追随你。"辛德曼说。梅萨蒂也终于不由自主地点头同意。

第十一章

警告

世界之死

科索尼亚的孤嗣

领唱者宫殿率先进入索尔·塔维兹的视野，圣歌城的石制兰花无比壮丽。他迈出饱受磨难的雷鹰，站在侧翼宫殿的屋檐上，那宏伟惊人的拱顶直入云霄。来自宫殿内部恶战的黑烟在空中盘卷，可怖的尖叫声伴着浓郁扑鼻的血腥气从北部广场传来。

塔维兹扫视四周，突然意识到这里的一切随时都会化为乌有。一群帝皇之子阿斯塔特正从屋顶远端走来，他欣喜地认出了卢修斯及其麾下的纳希卡小队，同僚掌中的长剑还飘着战场杀敌的轻烟。

"塔维兹！"卢修斯高喊道，塔维兹感觉那个剑客昂首阔步之间似乎更显轻浮骄纵，"我以为你不会来呢！嫉妒我的杀敌数量了？"

"卢修斯，情况如何？"塔维兹问。

"宫殿已经被我们拿下，普拉尔也死了，是我亲手干掉的！想必你闻一闻就知道吞世者在哪儿，如果血腥味不够浓的话，他们怎么都不自在。我们和城市的其他部分脱节了，联系不到任何人。"

卢修斯指着城市西部，审判日的高大身影正在向视线之外某些毫无还手之力的伊斯特凡人倾泻炮火。"不过看起来死亡守卫很快就找不到什么对手了。"

"我们必须立刻联络其他突击部队，"塔维兹说，"荷鲁斯之子还有死亡守卫。挑一支小队负责，再派些人占据制高点。"

"为什么？"卢修斯问道，"索尔，怎么回事？"

"我们有危险了。大麻烦。病毒攻击。"

"是伊斯特凡人？"

"不，"塔维兹哀伤地说，"我们被自己人背叛了。"

卢修斯迟疑了一下，"战帅？索尔，你在说——"

"我们被派下来送死，卢修斯。弗格瑞姆特意挑选出了阻碍他们宏伟计划的人。"

"索尔，你疯了！"卢修斯大喊道，"我们的原体为什么会做这样的事？"

"我不知道，但他一定得到了战帅的命令，"塔维兹说，"这只是某个庞大阴谋的第一阶段。我想象不到最终目的会是什么，但我们必须努力阻止他们。"

卢修斯摇摇头，他的面孔上写满了困惑和苦楚，"不。我为他赢得了那么多场战斗，原体不会派我送死的。看看我如今的成就。我是弗格瑞姆的选民！我从未失败，从不怀疑！我愿意追随弗格瑞姆下地狱！"

"但我不会，卢修斯，"塔维兹说，"而你是我的朋友。我很抱歉，但我们没时间讨论这些了。我们必须发出警告，然后寻找掩护。我会给吞世者报信，你去联系荷鲁斯之子还有死亡守卫。不要讲细节，就告诉他们病毒轰炸即将来临，让他们寻找一切可能的掩护。"

塔维兹抬头看着那坚实可靠的领唱者宫殿说，"宫殿下面一定有些地窖或者墓穴之类的结构。如果我们躲在那里或许就能熬过去。这个城市死定了，卢修斯，但休想让我给它陪葬。"

"我会派一个通信官上去。"卢修斯带着不屈的怒火说道。

"很好。我们时间紧迫，卢修斯，炸弹随时都会投放。"

"这是反叛行径。"卢修斯说。

"是的，"塔维兹说，"没错。"

在一道道刻意而为的伤疤之下，卢修斯依旧是那个完美的士兵，一个能够用强烈自信感染身边同僚的中流砥柱，塔维兹知道自己能够倚仗对方。剑客点点头说："动身吧，去找厄尔伦连长。我会联络其他军团，带领我们的战士寻找掩护。你我回头再谈。"

"回头见。"塔维兹说。

卢修斯转身面对纳希卡小队，吼出一道命令，随后快步跑向宫殿拱顶。塔维兹紧随其后，低头遥望北边的广场，他勉强捕捉到那沸腾血战和凄厉尖叫，以及链锯剑的嘶吼。

他抬头仰望晨间的天空。乌云逐渐聚集。

任何时候，从天而降的病毒炸弹都可能穿透云层。

那些炸弹会坠落在整个伊斯特凡地表，数十亿人将要殒命。

在圣歌城西部那纵横蔓延的壕沟地堡之间，凡人叛军与阿斯塔特伴着飞溅泥土和烈焰风暴命丧黄泉。审判日炮口倾泻的巨量火力让泰坦颤抖不已。驾驶员卡萨感同身受，仿佛那庞大的多管火神爆矢炮就握在他自己手中。这架泰坦已经伤疤累累，双腿满是火箭弹坑，宏伟身躯表面也被地堡顶端的防御火炮咬出了一块块焦痕。

卡萨体会到了每一次创伤，但再多战损也无法拖延审判日的脚步，无法迫使它迂回退却。面对帝皇之敌，毁灭便是它秉承的目标，死亡便是它施加的惩罚。

卡萨备受鼓舞。他从未感觉到如此接近帝皇，从未像现在这样与神之机械融为一体，帝皇的些许神威就蕴藏在审判日身上。

"阿鲁肯，向右舷偏转！"坐在指挥椅上的图奈特机长命令道，"避开那些地堡，以免左腿受损。"

审判日转向侧面，它的巨足抬起时将几座地堡掀翻，落下时又踩碎了一片火炮阵地。成群的伊斯特凡士兵踉跄地冲出废墟，架起重型武器向居高临下的泰坦开火。

伊斯特凡士兵训练有素，全副武装，虽然他们手中大部分武器的火力尚且不及激光枪的水平，但交错的战壕却能显著拉平局势，在交火爆发之后，任何一个手握枪械的士兵都不可小觑。

死亡守卫在战壕里横冲直撞，肆意杀戮，但伊斯特凡人占有绝对的数量优势，而且并未溃散。他们在一道道防线间且战且退，躲避死亡守卫那冷酷攻势的无情锋芒。

伊斯特凡士兵的灰绿头盔颜色暗淡，防弹大衣沾满污泥，混杂在碎石和淤泥之间已是肉眼难辨，但审判日的传感器将锐化图像投射在卡萨的视网膜上，让敌人的轮廓一览无遗。

卡萨抛出一串大口径弹药，眼看着泥土和尸体像喷泉般被抛上半空。帝皇之手将伊斯特凡人轻易湮灭。

"左舷前方有敌军集群。"驾驶员阿鲁肯说。

卡萨感觉那声音遥不可及，虽然对方就坐在泰坦指挥舰桥的另一端。

"死亡守卫可以处理他们，"图奈特回答，"集中应对敌军火炮。那才是个威胁。"

在卡萨下方，暗灰色的死亡守卫身影在地堡周围闪动，两支小队将手雷扔进射击孔，片刻之后再撞开大门，向任何苟延残喘的伊斯特凡士兵倾泻爆矢弹，或用火焰喷射器的熊熊烈焰将他们焚灭。从审判日头颅的位置俯瞰下去，那些死亡守卫仿佛是一群甲壳虫，披着闪亮的动力盔甲在壕沟中穿行。

若干死亡守卫的遗体还留在原地，他们或是葬身于火炮轰炸，或是牺牲在伊斯特凡士兵的齐射面前，但与战壕中四下横陈的叛军尸首相比，阿斯塔特的损失微乎其微。步步退却的守军被驱赶到了壕沟网络最北部，逐渐聚集在一座白色大理石殿堂脚下，背靠那三叉戟形状的高塔聚拢，届时他们将再无退路，只能被一网打尽。

卡萨挥动审判日的武器臂，瞄向大约五百米之外一片轰鸣不已的火炮阵地，凶猛火舌与疾驰弹片正由那里洒向死亡守卫的战线。

"机长！"卡萨高声说，"敌军火炮出现在东部后侧。"

图奈特没有作答，他正专注地聆听私人通信频道里的信息。机长接到某种命令点了点头，随后喊道："停下！阿鲁肯，停止行进方案。卡萨，中断弹药供给。"

卡萨出于本能地关闭了泰坦臂膀上那势若雷霆的武器系统，他的思维顿时在震慑中跃回指挥舰桥。他不再通过审判日的双眼俯瞰众生，而是重新与同僚为伴。

"机长？"卡萨检视着数据问道，"出问题了吗？我没有发现异常。主系统运转良好。"

"没有异常。"图奈特尖锐地回答。卡萨从视野里的数据洪流上抬起头。

"驾驶员卡萨，"图奈特吼道，"我们武器系统的温度如何？"

"正常范围，"卡萨说，"我刚刚准备轰击那片火炮阵地。"

"关闭冷却管，封锁弹药供给，越快越好。"

"机长？"卡萨迷惑地说，"那会让我们毫无还手之力。"

"我知道，"图奈特回答，仿佛在与智障者对话一般，"照我说的办。阿鲁肯，我需要全面密封。"

"密封，长官？"阿鲁肯问道，他听起来与卡萨一样不解。

"是的，密封。我们需要从头到脚绝对密封。"图奈特说着打开了一个通信频道,向这架强悍战争机械的其余机组成员发话。

"全体人员,我是图奈特机长。执行紧急生物危机预案,马上行动。舱壁立刻封锁。关闭反应堆排气管,准备停机。"

"机长,"阿鲁肯急迫地问道,"是生物武器攻击吗?或是核武器?"

"伊斯特凡人拥有某种意料之外的武器,"图奈特回答,但卡萨能看出来他在撒谎,"他们马上就会发动攻击。我们必须全面密封,否则会被波及。"

卡萨通过泰坦的双眼俯视下方。死亡守卫还在蜿蜒战壕与地堡废墟间穿行,"但是,机长,那些阿斯塔特——"

"你接到了命令,驾驶员卡萨,"图奈特大喊,"你要遵守指示。密封机体,每根排气管,每个舱门,否则我们都会死。"

卡萨用意志命令审判日关闭舱门,封锁所有入口,他的迟疑让整个过程都慢吞吞的。

他看着地面上的死亡守卫继续在圣歌城的防御工事中推进,对于伊斯特凡人即将释放的某种武器,阿斯塔特显然毫不在乎,或是毫不知情。

战斗继续进行着,而审判日则陷入沉寂。

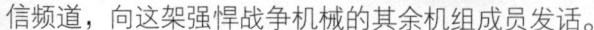

复仇之魂号宽广的主接见厅拥有白色大理石墙壁与纯金打造的廊柱。这壮丽景象是辛德曼从未见识过的,聚集在此的数千名记述者无不面露敬畏,恰似一群目睹惊世奇观的孩童。看到众多熟悉的面孔后,辛德曼推测整支舰队的记述者已经齐聚一堂,聆听战帅的公告。

战帅和马罗格斯特站在大厅彼端的高台上,如此遥远的距离让他们不可能认出辛德曼、梅萨蒂和悠弗拉迪。

至少辛德曼希望如此。谁知道阿斯塔特的视觉究竟有多么敏锐,更不用说原体的了?

那两人都穿着带有金银镶边的乳白色长袍,一支卫队矗立在他们身旁。若干块庞大的显示屏挂在墙上。

"这看起来就像是宣讲者准备在归顺世界上展开演说一样。"梅萨蒂道出了辛德曼心中所想。这场景无比熟悉,以至于他开始暗自推想,即将传达的信息会是什么,而用于支持的手段又会是什么。他在人群中四下扫视,寻找那些负责在关键时刻鼓掌欢呼并引导情绪走向的托。显示屏从各个角度展示着伊斯特凡Ⅲ，漆黑的太空背景上点缀着战帅舰队的银色亮点。

"悠弗拉迪，"梅萨蒂说道，他们正挤在众多记述者之间缓缓穿行，"还记得我说过这是个坏主意吗？"

"怎么啦？"悠弗拉迪带着一个无邪的微笑说。

"现在我觉得这确实是个坏主意。瞧瞧周围有多少阿斯塔特。"

辛德曼跟随梅萨蒂的视线朝两旁张望，顿时浑身直冒冷汗，大批全副武装的战士已将大家重重包围。如果其中任何一位认出他们三人，就完蛋了。

"我们必须目睹，"悠弗拉迪转身抓住他的袖子，"你必须目睹。"

辛德曼感受到她炽热的触碰，看到她双眸中燃烧的火焰，那就像风暴之前的滚滚雷鸣，辛德曼惊讶地发现自己有些害怕悠弗拉迪。记述者们急切地挤作一团，辛德曼刻意背对阿斯塔特，凝视人群中心方向。

悠弗拉迪握住梅萨蒂的手，那些显示屏突然亮了起来，聚集于此的记述者们看到了圣歌城的血腥街道，顿时发出一阵惊呼。这显然是由飞行器拍摄的，图像充斥着巨型屏幕，这规模惊人的屠杀场景让辛德曼的五脏六腑痉挛起来。他回想起耳语山脉中的那场杀戮，努力提醒自己这就是阿斯塔特的存在意义，但他也知道，如此惨烈可怖的血腥现实是他永远无法习惯的。尸体堆满街道，鲜血浸透一切，仿佛是滂沱血雨从天而降。

"你们记述者声称想要目睹战争，"荷鲁斯说，他的洪亮嗓音轻松传到了大厅最远端的角落，"好啊，这就是战争。"

辛德曼眼看着屏幕上的图像开始变换，视角拉回到洒满星辰的黑暗天穹。一束束炽烈光芒如长矛般刺向下方的战场。

"那是什么？"梅萨蒂问。

"那是炸弹，"辛德曼感到惊恐万分又难以置信，"这个星球正在遭受轰炸。"

"一切由此开始。"悠弗拉迪说道。

广场上是一幅震慑人心的恐怖景象，齐踝深的血湖里尸首横陈。大部分死者被爆矢枪轰得开肠破肚，也有很多被链锯剑砍成碎块，甚至是直接被扯作两半。

塔维兹快步冲向广场中央的临时据点，那座工事由残缺尸体堆砌而成，主体则是几枚饱经风霜的空降舱。

在他爬上那阴森的尸堆时，一个身穿染血盔甲，脸上伤疤纵横的吞世者向他点点头。那个战士的铠甲已经泼满血迹，塔维兹不明白对方何不干脆把自己涂成猩红色。

"厄尔伦连长，"塔维兹说，"他在哪儿？"

那个战士没有和他费任何口舌，仅仅用手比画了一下，示意附近那位胸甲上挂满了临战誓言的军官。塔维兹点点头以示谢意，随后继续前进。他从一些伤员身边经过，正在施加救助的那个药剂师显然曾与患者们一同浴血奋战。旁边躺着两名战死的吞世者，他们的尸体被随意抛在角落里。

塔维兹走近之后厄尔伦抬起头。那位连长的面孔曾在某场战斗中严重烧伤，他的战斧上凝结了大团血块，显得更像是一根棍棒。

"看来帝皇之子向我们增援了！"厄尔伦高喊道，他身边的吞世者纷纷低声哼笑，"整整一个战士！我们受宠若惊，敌人必将抱头鼠窜。"

"连长，"塔维兹走到厄尔伦身边，站在这座由伊斯特凡亡者垒成的路障旁，"我是索尔·塔维兹连长，我来此向你发出警告，你必须让部队寻找掩护。"

"掩护？别逗了，"厄尔伦说着，点头示意广场远方的角落，幢幢人影在窗户和房屋间闪动，"他们正在重整。我们如果现在转移，肯定会被淹没。"

"伊斯特凡人拥有某种生物武器，"塔维兹说道，他很清楚只有谎言才能说服吞世者，"他们即将启动那种武器。它会杀死圣歌城中的所有人。"

"他们要毁掉自己的首都？我还以为这是个教堂之类的地方，这不是挺神圣的吗？"

"他们已经表明了对于自己人的重视程度，"塔维兹指着面前那堆积如山的尸体迅速作答，"他们愿意牺牲这座城市来干掉我们。对于敌人而言，将我们从这颗星球逼退远比这座城市更为重要。"

"所以你要让我们放弃这个据点？"厄尔伦质问道，仿佛塔维兹辱没了他的个人荣誉，"你又是怎么知道这些的？"

"我刚刚从轨道上过来。那种武器已经启动了。如果病毒攻击降临的时候你们还滞留在地表的话，就只有死路一条。如果你什么都不相信，至少要相信这一点。"

"那么你建议我们向哪里转移？"

"就在西边，连长，"塔维兹说着，向天空瞥了一眼，"战壕网络边缘有很多地堡和防爆掩体。如果你让部下进入那些地堡的话，就应该会安全。"

"应该？"厄尔伦厉声说，"这就是你的最佳方案？"

厄尔伦盯着塔维兹考虑了一会儿，"如果你搞错了，我手下战士的血就都要算在你头上，我会亲自杀了你为他们报仇。"

"我明白，连长，"塔维兹催促道，"但我们时间不多了。"

"好吧，塔维兹连长，"厄尔伦说，"弗雷斯特士官，左翼！隆德士官，右翼！吞世者，战术转移，方向西，准备作战！"

吞世者们抽出了链锯斧和链锯剑。浑身血迹的突击小队越过由尸体堆成的临时工事，匆匆冲向阵型前方。

"你来吗，塔维兹？"厄尔伦问道。

塔维兹点点头，拔出他的阔剑，跟随吞世者步入广场。

虽然身边都是阿斯塔特同僚，他依旧明确意识到自己是个陌生人，口中咒骂不已的吞世者在尸堆间穿行，踏着鲜血四溅的步伐朝那些应该能够提供庇护的地堡前进。

塔维兹向满天堆积的乌云扫了一眼，感觉到胸口骤然绷紧。

第一批烈焰轨迹划过天空，正向城市落下。

"开始了。"洛肯说。

拉寇斯特从战地通信器前抬起头。天降烈焰径直坠向圣歌城。洛肯试图判断那些火球的角度与速度——其中一些必将落在妖鸣堡的高塔之间，正如荷鲁斯之子空降舱在几个小时前的路径一样，而且它们在几分钟之内就会抵达。

"卢修斯还说了什么吗？"

"没有，"拉寇斯特回答，"这是某种生物武器，仅此而已。听起来他遭遇了敌方火力。"

"塔瑞克，"洛肯大喊，"我们必须寻找掩护，马上。到妖鸣堡地下去。"

"能行吗？"

"如果那些地穴挖得够深的话，或许吧。"

"如果不行呢？"

"那么根据卢修斯的说法，我们会死。"

"那我们最好赶紧出发。"

洛肯转身面对向他集结的荷鲁斯之子,"轰炸来临!向妖鸣堡地下转移!立刻行动!"

最近的妖鸣堡高塔是一座直刺云霄的丑陋建筑,上面覆满了邪异的扭曲形体与狰狞石像,它们似乎代表着某种源自伊斯特凡古老传说的地狱景象。荷鲁斯之子打散了他们的战术移动阵型,匆匆向高塔跑去。

洛肯听到城市上方隆隆作响,那显然是空袭弹药的爆炸声,他逼迫自己加快脚步,一头扎进陵墓高塔中的幽深黑暗。墓穴内部昏暗而丑陋,铺有石砖的地板上散布着饱受折磨的人形雕像,它们像身陷囹圄的囚徒般伸出一双双石制臂膀。

"这里有条路下去。"托迦顿说。洛肯带领阿斯塔特战士们紧随其后,快步冲向怪兽头颅造型的地穴入口,其咽喉便是下行的通道。

在黑暗将他彻底吞没之际,洛肯听到了一种熟悉的声音从妖鸣堡高墙之外传来。

尖叫声。

那是圣歌城之死的哀乐。

第一波病毒炸弹在圣歌城上空爆破,将致命弹药扩散到大气之中。释放于伊斯特凡Ⅲ的病毒株是战帅军火库中最为高效的杀手锏,其设计意图便是抹除星球地表的一切活物。所有这些炸弹足以将这个世界毁灭上百次,它们被投向不同的纬度和海拔,彻底覆盖了星球的整个地表。

病毒穿越森林与平原,席卷水生藻类群落,乘着气流造访天涯海角。它攀上山脉,渡过河流,钻透冰川。它是帝国最致命的武器,连帝皇本人都反感使用它。

炸弹坠向伊斯特凡Ⅲ全球各处,但很大一部分都落在了圣歌城中。

吞世者离掩体的距离最远,因此在第一波轰炸中遭受了最为惨重的伤亡。部分人成功抵达了安全的地堡,但很多人都没来得及。众多战士跪倒在地,病毒穿透了他们的盔甲,这种生物武器的病毒结构中融合了致命的腐蚀性因子,足以溶解暴露在外的管道与关节,或是从先前受损的薄弱处乘虚而入。

阿斯塔特厉声尖叫。那叫声的存在本身要比它的可怖声音更令人震撼。病毒在分子水平上迅速解离细胞间的缔结，受害者不消几分钟便溶解成一摊腐臭血肉，只剩下湿淋淋的衰朽盔甲。甚至有很多钻进了地堡的战士也在痛苦中死去，他们到达安全地带后紧闭密封大门，却发现致命病毒已经接踵而入。

病毒在伊斯特凡Ⅲ的平民之间迅猛传播，快如心念电转，在一个受害者刚刚吸入那秽恶的感染物时，病毒就已经跃向下一个目标。无数人葬身当场，血肉从骨架上流淌下来，神经系统崩解寸断，骨骼变得如胶冻般软弱。

刺眼的光芒在这场病毒的飨宴中升腾而起，为那夺命的腐化反应推波助澜。病毒强悍的杀伤力本身便是它最大的敌人，如果找不到任何借以传播的有机宿主，病毒就会迅速自噬。

然而，来自轨道的无情轰炸并未停息，将整个星球淹没在精确制定的重叠火力之下，确保没有任何活物能够逃过病毒的魔掌。

星球地表的整个王国与附属州府在几分钟之内灰飞烟灭。熬过了古老长夜并击退过十余次恐怖入侵的悠久文明毫不知情地遭遇灭顶之灾，数百万人在剧烈痛楚中尖叫而亡，他们的躯体背叛了自身意志，全部瓦解成衰败腐朽的血肉。

辛德曼盯着巨型屏幕所展示的星球地表，看到一个黑暗斑块如邪恶花朵般绽放开来。它随即扩张成乌黑圆环，以惊人速度吞噬地表的一切事物，在身后只留下灰暗废土。又一道腐朽浪潮从地表的另一片区域匍行而来，两股黑色物质汇聚合流，继续像某种恐怖病症般四下蔓延。

"那……那是什么？"梅萨蒂轻声说。

"你们之前就目睹过，"悠弗拉迪说，"是帝皇通过我为你们展现的。这是死亡。"

辛德曼回忆起那丑恶可憎的腐坏幻景，自身血肉正在解离，漆黑的污染吞没万物，这记忆顿时让他的肠胃开始扭曲。

那就是伊斯特凡Ⅲ的遭遇。

那就是这场背叛。

辛德曼感觉全身血液仿佛被抽干了。整整一个世界浸没在纯粹的死亡中。对于伊斯特凡Ⅲ居民面临末日时的那种恐慌，他只能体会到些许意味，从数十亿心灵中共同爆发的极端惊惧是一种超出他理解范畴的概念。

"你们是记述者,"奇勒说道,她的声音中充满了静静的哀伤,"你们两个都是。铭记这些,讲述这些,传播出去。必须有人知道。"

辛德曼麻木地点点头,当下的剧变令他震愕无言。

"来吧,"悠弗拉迪说,"我们该走了。"

"走?"梅萨蒂呜咽着问道,她的双眼还直勾勾地盯着那世界之死,"去哪儿?"

"离开。"悠弗拉迪微笑着回答,她握住两人的手,领着他们穿过那群在恐惧与震撼中呆若木鸡的记述者,稳步向房间边缘走去。

起初辛德曼任由对方引领自己,他的肢体除了迈出一个个脚步之外做不了任何事情,然而当他发现三人正径直走向房间边缘的阿斯塔特时,他开始警觉地退却。

"悠弗拉迪!"辛德曼嘶声说,"你在干什么?如果那些阿斯塔特认出我们——"

"相信我,凯瑞尔,"她说,"我正指望有人认出我们呢。"

悠弗拉迪领着他们走向一个远离同僚孤身而立的高大战士,根据那个人的肢体语言来判断,辛德曼意识到此刻发生的一切让同样对方感到惊惧。

那个阿斯塔特转身面对三人,他的脸庞像古旧皮革般苍老皱缩。

悠弗拉迪停下脚步说:"亚克顿,我需要你的帮助。"

亚克顿·克鲁兹,辛德曼听洛肯提起过这个名字,亦称"耳旁风"。

他是一位旧世的战士,如今他的话语被高层指挥官们置若罔闻。

一位旧世的战士……

"你需要我的帮助?"克鲁兹问道,"你是谁?"

"我的名字是悠弗拉迪·奇勒,这位是梅萨蒂·欧丽顿,"悠弗拉迪回答,仿佛在这屠杀场景之中进行自我介绍是最为寻常的事情,"而这位是凯瑞尔·辛德曼。"

辛德曼在克鲁兹脸上看到一丝顿悟,他闭上眼睛,等待那无可避免的呼吼暴露三人的身份。

"洛肯请求我照顾你们。"克鲁兹说。

"洛肯?"梅萨蒂问,"你有他的消息吗?"

克鲁兹摇摇头说道："他在离开的时候请求我保证你们的安全。我现在大概明白他的用意了。"

"什么意思？"辛德曼追问。克鲁兹开始谨慎地张望四周墙边那些全副武装的战士，这令老人颇为不安。

"没什么。"克鲁兹说。

"亚克顿，"悠弗拉迪命令道，她沉静的嗓音中充满了权威，"看着我。"

那面容苍老的阿斯塔特俯视着悠弗拉迪的纤弱身影，辛德曼能够察觉到她全身辐射而出的力量与决心。

"你不再是'耳旁风'了，"悠弗拉迪说，"如今你的声音会比军团中的任何人都更加响亮。你像一位德高望重的老者般顾念旧情，不愿抛弃传统之道，期盼有朝一日事情能够重回正轨。过往岁月正在消亡，亚克顿，但在你的帮助下，我们尚可恢复昔日荣光。"

"你在说些什么，女人？"克鲁兹低吼道。

"我希望你能回想起科索尼亚。"悠弗拉迪说，她身上突然迸发出的一股能量让辛德曼骤然退缩，仿佛她的皮肤充满了电荷。

"你对我的家园星球知道些什么？"

"我只知道我在你心中看到的东西，亚克顿，"悠弗拉迪回答，她双眸后面积聚的柔和光芒让一字一句都充满了希望与诱惑，"那锻造出影月苍狼的荣誉和勇气，唯有你铭记至今，亚克顿。唯有你依旧秉承阿斯塔特应当具备的品质。"

"你对我一无所知。"克鲁兹说道，但辛德曼看得出来，悠弗拉迪的话语直击对方内心，打破了阿斯塔特心中那道隔离凡人的屏障。

"你的同袍兄弟将你称作'耳旁风'，但你从不怨恨他们。我知道这是因为科索尼亚的战士充满了荣誉感，区区此等羞辱不值一提。我也知道你的建议总是不被重视，因为你的声音属于一段过往年代，彼时伟大远征依旧高尚可贵，不为攻城略地，而是寻求全人类的福祉。"

辛德曼凝视着克鲁兹，看到对方灵魂深处的激烈交锋体现在面孔上。

对军团的忠诚和对军团奠基理念的忠诚正在一决高下。

最终克鲁兹哀伤地笑了笑，"他还说这'并非难事'呢。"

他抬头望向战帅和马罗格斯特。

"来，"他说道，"跟我走。"

"去哪儿？"辛德曼问。

"去安全的地方，"克鲁兹回答，"洛肯请求我照顾你们，这正是我现在要做的。保持安静，跟我走。"

克鲁兹转过身，走向通往接见厅的众多大门之一。悠弗拉迪紧随其后，辛德曼和梅萨蒂也匆忙跟上，纵然并不清楚自己要去哪里或是为什么要离开。克鲁兹走到那扇由两名战士把守的抛光青铜大门前面，简洁地挥手示意卫兵让路。

"我要领这几个人到下面去。"他说。

"我们接到了命令，不准任何人离开。"一名守卫说。

"我正在向你们下达新的命令，"克鲁兹说道，他的声音中带着辛德曼此前并未注意到的钢铁决心，"让开，难道你们要违抗上级军官的命令？"

"不，长官。"那两名战士说着，躬身行礼并将大门打开。

克鲁兹对守卫们点点头，示意众人前行。

辛德曼、悠弗拉迪和梅萨蒂离开了接见厅，大门在背后带着沉重的诀别意味轰然关闭。星球濒死的声音与惊愕震慑的低呼顿时被切断，令人倍感不安的寂静笼罩了他们。

"现在我们要怎么办？"梅萨蒂问。

"我要带你们离开复仇之魂号，越远越好。"克鲁兹回答。

"离开战舰？"辛德曼问。

"是的，"克鲁兹说，"对于你们而言，这里已经不安全了。一点都不安全。"

第十二章

清理门户
让银河燃烧
神之机械

圣歌城垂死挣扎的尖叫以雷霆之势席卷而来,如海啸般拍打着领唱者宫殿。在外围街道和整座宫殿中,圣歌城的居民被原地解离,躯体化成了流淌的血肉。

人们在拥挤的街巷里成群地死去,向天空尖啸着憎恨与恐惧,对神明祈求救赎。数百万人同时厉声呼号,汇作一股掺杂着黑色物质的死亡狂风。一个战争歌者从上空掠过,试图用歌声缓解他们濒死的剧痛与恐慌,但她并未逃过病毒的魔掌,当她张口歌颂伊斯特凡诸神的时候,仅仅咳出些许乌黑尘埃,病毒早已吞噬了她的内脏。战争歌者像一只中弹的燕雀般陨落,翻滚着坠向下方的将死民众。

一个宽大身躯显现在领唱者宫殿的屋檐上。古战士瑞兰诺踱向天顶边缘,俯视脚下的恐怖场景,那肆虐无忌的病毒在楼宇之间沸腾流窜。瑞兰诺的无畏机甲躯体与外界彻底隔离,胜过任何阿斯塔特盔甲,死亡之风在他周围徒劳地回旋,而他则见证这座城市踏入坟墓。

瑞兰诺抬头仰望天空,在那苍穹之上,战帅的舰队正向伊斯特凡Ⅲ倾泻最后一批索命弹药。在圣歌城濒死的尖叫与恐惧中,古老的无畏机甲孤身矗立,扮演着仅有的一丝平静。

"幸亏我们把这些地堡建得够结实。"厄尔伦连长说。

密封地堡中的幽深黑暗被坚实墙壁之外的死亡交响衬托得越发厚重。只有少得可怜的一部分吞世者战士及时赶到了壕沟网络边缘,将自己封锁在这片地堡里。他们在黑暗中静静等待,听着病毒以一种比链锯斧更为高效的方式屠杀城市居民。

与他们同行的塔维兹沉默而惊恐地聆听数百万人丧生。吞世者显得漠不关心，平民的惨死对他们而言没有意义。

尖叫声逐渐消逝，被沉闷的呻吟所取代。缓慢死亡的痛苦和恐惧混杂成一片遥远的哀嚎。

"我们要像耗子一样在黑暗地洞里藏多久？"厄尔伦质问道。

"病毒很快就会自行消亡，"塔维兹说，"它的设计意图便是如此：吞噬一切活物，将战场交由敌人控制。"

"你怎么知道？"厄尔伦问。

塔维兹看着对方。他可以告诉厄尔伦真相，他也明白对方理应得知真相，但那样有何助益呢？吞世者或许会为此杀了他。毕竟，他们自己的原体也是战帅阴谋团伙的成员。

"我目睹过类似的武器被投放。"塔维兹说。

"你最好没说错，"厄尔伦低吼道，塔维兹的答案显然远未让他满意，"我可不会在这种地方窝上太久！"

吞世者连长扫视麾下的战士，他们紧凑地挤在黑暗地堡中，盔甲上沾满鲜血。他举起链锯斧喊道，"拉斯！你联系到荷鲁斯之子了吗？"

"还没有，"拉斯回答。塔维兹能看出来对方是位老兵，此人额头上满是各种植入装置，"我能听到一些杂乱的信息，但没能直接通话。"

"也就是说他们还活着？"

"可能吧。"

厄尔伦摇摇头，"我们中招了。我们以为这座城市唾手可得，结果中了他们这招。"

"谁也想不到会这样。"塔维兹说。

"不，没有借口。"厄尔伦的神色变得严酷，"吞世者必须永远走在敌人前面。他们进攻的时候，我们直接反攻。他们钻进防御工事，我们就把他们揪出来。他们杀死我们的战士，我们就要毁掉他们的城市。但这次，敌人做得比我们更过分。我们进攻他们的城市，他们却毁掉自己的城市来把我们一起带走。"

"我们全都措手不及，连长，"塔维兹说，"帝皇之子也是一样。"

"不，塔维兹，这是我们的战斗。帝皇之子与荷鲁斯之子的工作是斩落野

"古战士"瑞兰诺

兽的首级，我们的任务则是挖出它的心脏。这些敌人是不会恐惧溃散的，他们不会慌作一团。伊斯特凡人必须被歼灭。无论其他军团是否承认，吞世者才是真正夺取这座城市的军团，而我们会为自己的失败负责。"

"这不是你们的责任。"塔维兹说。

"低等士兵会认为，自己的失败是上级军官的责任，"厄尔伦说，"但阿斯塔特该明白，这完全是他个人的责任。"

"不，连长，"塔维兹说，"你不明白，我是说——"

"有信号了。"拉斯在地堡角落中说。

"荷鲁斯之子？"厄尔伦问。

拉斯摇摇头，"死亡守卫。他们躲在西边的地堡里。"

"他们说什么？"

"病毒在逐渐消亡。"

"那么我们很快就能出去了，"厄尔伦宽慰地说，"如果伊斯特凡人要来夺回城市，他们就会发现我们严阵以待。"

"不，"塔维兹说，"这场病毒攻击还有一个阶段即将展开。"

"是什么？"厄尔伦质问。

"火风暴。"塔维兹说。

"你们现在看到了，"荷鲁斯对齐聚一堂的记述者们说，"这就是战争。这是残酷与死亡。这是我们为你们所做，而你们却不愿正视的一切。"

面对这残暴恐怖的屠杀场景，痛哭流涕的男男女女相互搀扶，他们无法理解这场以帝国之名展开的种族灭绝达到了何等规模。

"你们登上我的战舰来记录伟大远征，你们的成就颇为可观，但局势已经转变，时代正在发展。"荷鲁斯继续说道，此时房间周围的阿斯塔特战士们将一扇扇铁门轰然紧闭，随后矗立于门口，将爆矢枪横在胸前。

"伟大远征结束了，"荷鲁斯说，他雷鸣般的嗓音中饱含力量，"它一度秉承的理念已然凋亡，我们征战四方的缘由仅仅是个谎言。这到此为止。现在，我要让这场远征重回正道，我要从抛弃一切的帝皇手中拯救银河。"

荷鲁斯话音未落，惊诧的呼声和哀叫便在房间中回荡起来，他颇为享受这畅所欲言带来的自由感。隐秘和诡诈已经没有必要。如今他尽可揭示自己为银河制订的壮丽蓝图，丢弃虚假的面具，展示他的真实目的。

"你们悲哀呼号，但区区凡人不可能理解我的宏伟计划。"荷鲁斯说，他品味着接见厅中迅速扩散的惊惧慌乱。

没有任何一个宣讲者能够如此彻底地将听众玩弄于股掌之间。

"很不幸，这意味着崭新的远征中没有你们这种人的位置。我将要踏上征途，展开一场银河之中前所未有的伟大战争，我不能让心怀叛逆之人拖累我的步伐。"

荷鲁斯露出微笑。

这是一个天使般刽子手的笑容。

"杀掉他们，"他说，"一个不留。"

随着战帅一声令下，爆矢弹立刻切入人群。鲜血四溅，肉体崩碎，第一阵齐射就令上百人丧生。阿斯塔特扑进人群，尖叫的记述者们妄图躲避。

但他们无处可逃。

爆矢枪喷吐着火舌，怒吼的链锯剑起起落落。

这场残暴的谋杀在一分钟之内就结束了，荷鲁斯从屠戮场景前转过身，观看伊斯特凡Ⅲ最终的濒死抽搐。阿巴顿从阴影中现身，他和马罗格斯特一直在那里观望记述者们惨遭剿灭。

"大人。"阿巴顿躬身说道。

"什么事，吾儿？"

"战舰扫描人员报告，病毒已经基本消逝。"

"气体浓度等级呢？"

"超出测量范围，大人，"阿巴顿微笑着回答，"火炮手等待你的命令。"

荷鲁斯遥望下方那颗笼罩着翻滚毒云的星球。

只需一点火花。

他在脑海中将这个世界想象为一根引信的分叉末端，它会点燃整个银河，将其化作一道烈焰洪流，势不可挡地径直蔓延燃烧到泰拉。

"命令火炮开火，"荷鲁斯冷酷地说，"让银河燃烧吧！"

"帝皇庇佑我们。"驾驶员卡萨低语道，他难以掩饰惊恐，此刻也并不在乎谁能听到自己的话。由污秽毒气形成的腐败浓雾还悬浮在泰坦周围，他只能勉强看到下方的战壕，以及逐渐从地堡中现身的死亡守卫。在全面密封泰坦的命令下达之后不久，死亡守卫也匆匆寻找掩护，显然与审判日接到了同样的指示。

但伊斯特凡人并未获知这场灾难。死亡守卫的后撤诱使伊斯特凡士兵大举进攻，敌人因此承受了生物武器的全部火力。

一团团黏液状的血肉堵塞了战壕，些许略具人形的尸体散落其中，面孔尽数融化，溃烂肿胀的躯干四分五裂。成千上万的伊斯特凡亡者积聚成腐朽尸堆，漆黑浓稠的污秽沿着壕沟缓缓涌动。

在战场之外，死亡吞噬了环绕圣歌城的大片树丛，如今那里变成了朽木林立的无垠墓园，一株株焦黑残骸仿佛是破土而出的骷髅臂膀。土地被凋亡浸透，腐败物质汇聚成的海洋散发出刺鼻毒气，充斥了天空。

"汇报。"图奈特机长说道，他从泰坦的背部隔间里返回了舰桥。

"我们与外界完全隔绝，"驾驶员阿鲁肯在舰桥另一边回答，"全体机组安全，污染检测读数为零。"

"病毒已经自噬了，"图奈特说，"卡萨，外面的情况？"

卡萨整理了一下思绪，那规模可怖的死亡场面还在他脑海中挥之不去，若非通过审判日亲眼看见，他根本想象不到这种事情能够发生。

"伊斯特凡人……没了。"他回答。卡萨透过翻卷毒云向泰坦一侧的城市望去，"全都没了。"

"死亡守卫呢？"

卡萨仔细观察，他瞥见半埋在战壕里的铁灰色盔甲部件，那标志着阿斯塔特牺牲的位置。

"有一些被病毒吞噬了，"他说，"死伤惨重，大部分人想必及时接到了命令。"

"命令？"

"是的，机长。那道通知我们寻找掩护的命令。"

图奈特通过泰坦的双眼望向阿鲁肯那一侧，他看到绿色迷雾中的死亡守卫踏过伊斯特凡人的秽恶遗骸，动身探查地堡周围的战壕。

"该死。"图奈特说。

"真是神佑，"卡萨说，"他们很可能——"

"注意你的言辞，驾驶员！宗教污秽是严重的罪行——"

外界的动静打断了图奈特的话语。

卡萨跟随机长的目光望去,正好看到滚滚毒云被一道耀眼光束点亮,那炽热的光矛打击刺入了高度易燃的剧毒气团。

只需一点火花。

巨量的腐朽物质产生了一团厚重的易燃气体,在伊斯特凡Ⅲ的大气层之下包裹住整个星球。复仇之魂号的光矛打击灼穿了上层大气,遁入无比浓稠的毒雾,那炽热光束在一声闷响中将气团轻易点燃,整个星球的氧气仿佛被尽数吸入其中。

空气本身立刻开始熊熊燃烧,汇作一股厉声呼啸的烈焰风暴横扫山河。整片大陆化作焦土,山川与平原被剥落成荒芜岩层,那些被解离腐化的昔日生灵在须臾之间灰飞烟灭,灼热的焚风席卷了星球地表,致命狂澜散播着毁灭的火光。

被热浪引爆的燃气管线让一座座城市化为乌有,冲天的火柱在致命的烈焰风暴中狂乱舞动。没有任何事物能够逃过一劫,无论血肉、岩石还是金属都在超乎想象的高温中熔融流淌。

一望无际的建筑群坍塌倾覆,昔日的居民化作尘埃随风飘散,大理石殿堂与工业中心消逝在巨大的蘑菇云中,这场毁灭风暴无情无休地肆意席卷伊斯特凡Ⅲ,直到整个星球都陷入火海。

那些逃过了病毒攻击的阿斯塔特又陷入火海,急切地重新寻找掩护。

然而在这场火风暴中,胆敢暴露在外的人不可能找到掩护。

火炮反冲的回响在战帅旗舰上刚刚消逝,而数十亿人已经葬身于伊斯特凡Ⅲ。

驾驶员卡萨奋力稳住身躯,那势若雷霆的火风暴在审判日周围疯狂回旋。庞大的泰坦如风中野草般摇晃不已,他盼望机械神教最近安装的新式平衡仪器能够经受住这场严酷考验。

在他对面,阿鲁肯用泛白的指节紧紧抓住座椅旁边的护栏,他惊恐地盯着指挥舰桥外面的毁灭的涡旋。

"帝皇保佑,帝皇保佑,帝皇保佑。"卡萨一遍遍低声祈祷,那汹涌澎湃的烈焰仿佛永无止境。泰坦与外界隔绝的时候已经关闭了冷却系统,因此指挥舰桥中的温度逐渐变得难以忍受。

恰似一台巨型高压锅的泰坦内舱迅速升温，卡萨担心继续呼吸下去就会灼伤自己的肺叶。他紧闭双眼，而发着幽幽绿光的数据依旧在他的视网膜上滚动显示。他汗如雨下，惊觉一切都结束了，这就是他死去的方式：并非在战斗中，并非在诵读圣言录的时候，而是在他挚爱的审判日里被蒸熟。

不知道在火海里沐浴了多久，他思维中那理智的一面突然意识到，自从焚云爆燃之后一直迅猛攀升的温度指数已经开始平缓回落。卡萨睁开眼睛，透过泰坦头部的观察窗看到了狂舞翻滚的火团，但他同样看到了一抹苍穹，熊熊烈焰将伊斯特凡亡者释放出的易燃毒气全数烧尽，揭开了湛蓝的天空。

"温度下降。"卡萨说道，他惊讶地发现他们竟然活了下来。

阿鲁肯放声大笑，他也意识到众人死里逃生。

图奈特机长坐回他的指挥椅，开始重启泰坦的各个系统。卡萨也放松身躯，座椅皮面早已被他的汗水浸湿。随着机长将泰坦系统重新与外界相连，他看到外部传感器纷纷开始显现读数。

"检查系统。"图奈特命令道。

阿鲁肯点点头，用袖子擦拭大汗淋漓的前额，"武器系统正常，但我们要注意射击频率，因为目前温度已经很高了。"

"确认，"卡萨说，"我们短时间之内也无法使用等离子武器了。如果贸然尝试的话很可能会把武器臂炸掉。"

"明白，"图奈特说道，"启动紧急冷却方案。我需要那些火炮尽快准备射击。"

卡萨点点头，即便他不明白机长为何如此急迫。想必这场火风暴之下不可能有生还者吧？至少不会有什么能够威胁到泰坦。

"有情况！"阿鲁肯大喊，卡萨抬头看到一群黑点从透彻苍穹中急速下落，向城市的焦黑残骸俯冲而去。

"阿鲁肯，追踪它们。"图奈特厉声说。

"是炮艇，"阿鲁肯回应道，"它们向城市中心的宫殿废墟前进。"

"谁的部队？"

"还不能识别。"

卡萨靠在座舱皮椅上，让泰坦指挥系统重新占据自己的思维。他启用了泰坦的目标锁定系统,视野中顿时浮现出瞄准网络,随即聚焦在远方的炮艇编队身上,它们渐渐遁入圣歌城那几近崩溃的焦黑废墟里。他看到了镶有蓝边的骨白涂装,以及獠牙双颚吞噬星球的徽记。

"吞世者,"他大声说道,"他们是吞世者部队。肯定是第二波攻势。"

"没有什么第二波攻势,"图奈特仿佛在自言自语,"阿鲁肯,升起通信天线,给我接复仇之魂号。"

"联络舰队指挥部?"阿鲁肯问。

"不,"图奈特回答,"战帅。"

亚克顿·克鲁兹带领三人钻进复仇之魂号的漫长走廊,快步穿过训练大厅和狼神议庭,沿着陌生的蜿蜒通道前行,他们在躲避马迦德与马罗格斯特追捕时都不曾探索此处。

辛德曼的心脏在胸腔中狂跳不已,他明白克鲁兹帮助三人逃过了临头末日,这让一种奇特的欢欣与哀伤充斥着老人内心。留在接见厅里的那些记述者是何命运不言而喻,众多富有创造性的杰出人才葬身于此,只为满足某些罔顾艺术和创新之人的一己私欲,这惨痛现实让辛德曼感到既震惊又哀痛。

他望向悠弗拉迪·奇勒,自从逃出生天之后,她显得越发强健。她恢复了金色秀发与明亮双眼,依旧苍白的皮肤更加衬托着那股蕴藏于心的能量。

相比之下,梅萨蒂·欧丽顿则逐渐衰弱。

"他们很快就会来追我们,"奇勒说,"他们或许已经开始行动了。"

"我们能逃出去吗?"梅萨蒂嘶哑地问道。

克鲁兹只是耸耸肩,"要么能,要么不能。"

"就这样?"辛德曼问。

奇勒带着笑意瞥了他一眼,"不,你应该明白的,凯瑞尔。从来都不会'就这样',对于怀有信仰的人而言绝非如此。总会有更多,即便在一切结束的时候,也会有更多值得期待的事物。"

他们途中经过了几座能够遥望冷寂太空的观察拱顶,那景象提醒着辛德曼,他们在整个宇宙的背景下是多么渺小。即便目力勉强能及的微弱光点也是一枚恒星,它周围或许环绕着诸多世界以及栖身于此的人民和文明。

"我们就站在种种惊天剧变的核心位置,却为何从未意识到灾难的降临?"

他低语道。

过了一会儿,辛德曼逐渐辨认出周围的环境,看到了刻入舱壁的熟悉标志,以及他能够识别的若干徽记,他意识到众人正向登机甲板前行。克鲁兹毫无迟疑地一马当先,稳健步伐里充满了信心,与传闻中那个老朽可悲的谄媚者截然不同。

通向登机甲板的防爆门紧紧关闭,众多残破的许愿纸条和祭品依旧散布在四周,这都是昔日荷鲁斯被子嗣们抬往戴尔弗斯时众人献上的。

"这里,"克鲁兹说,"如果我们幸运的话,这里可能有一架能用的炮艇。"

"然后我们要去哪里?"梅萨蒂质问道,"我们能逃到什么让战帅鞭长莫及的地方?"

奇勒伸出手搭在梅萨蒂的臂膀上,"别担心。我们拥有的朋友比你想象中的要多,萨蒂。帝皇会为我指引前路。"

铁门伴着低沉轰鸣缓缓打开,克鲁兹自信地踏入登机甲板。那战士的话语让辛德曼露出宽慰的微笑,"那里。雷鹰9-δ。"

然而笑容随即从老人脸上消逝,因为他看到了身披金甲的马迦德拦在炮艇前方。

索尔·塔维兹看着厄尔伦连长流露出的惊愕神色,后者正难以置信地环视着火风暴肆虐之后的毁灭场面。他们印象中的那座圣歌城已经踪影全无。任何一丝活体组织都不复存在,被病毒攻击之后接踵而来的呼啸烈焰焚灭成原子水平。

伊斯特凡Ⅲ如今是一幅地狱景象,所有建筑都已经烧焦崩塌,房屋废墟上还跃动着熊熊烈焰,残存的可燃物质在慢慢烧尽。高大的火柱蹿入天空,奋力抗拒着重力的牵引,那些燃油管线与精炼厂还将继续燃烧,直到油料最终枯竭。焦灼金属与焚化血肉所散发的刺鼻味道挥之不去,面前这片场景与区区几分钟之前的浴血战场简直天差地别。

"为什么?"这是厄尔伦唯一能说出口的话。

"我不知道。"塔维兹说,他盼望自己可以给这位吞世者提供更多答案。

"这不是伊斯特凡人干的,对不对?"厄尔伦问。

塔维兹想要撒谎,但他知道吞世者能够瞬间看破他的谎言。

"不，"他说，"不是。"

"我们遭到了背叛？"

塔维兹点点头。

"为什么？"厄尔伦重复道。

"我无法给你任何答案，兄弟，但如果他们妄图用这个阴险招数把我们一网打尽，那么显然是没有得逞。"

"吞世者会让他们为这份失败付出代价。"厄尔伦发誓道，话音未落，一阵新的声响穿透了房屋燃烧与建筑坍塌的轰鸣。

塔维兹应声抬起头，正好看到一群吞世者雷鹰炮艇从城市外围扑向这片阵地。炽热雨点般的炮火倾泻而下，轻易地洞穿了众人身边的废墟，在脚下的黑色大理石上咬出一个个弹孔。

"稳住！"厄尔伦吼道。

炮艇从头顶掠过，将沉重的火力泼洒在吞世者身上。塔维兹和厄尔伦躲在破损的窗框后面，听到一个被子弹击中的吞世者在旁边痛苦地低吼。

炮艇扫过他们的位置，重新攀升，在残破的宫殿上空掉头，准备展开下一轮俯冲。

"重武器！给他们点厉害！"厄尔伦高喊。

枪弹从部分塌陷的屋顶间隙中喷吐而出，重型爆矢枪低沉嘶吼，激光炮间歇性地投射一股股红光束。还击火力以雷霆之势扑面而来，在吞世者阵线里撕开一道道爆破轨迹，塔维兹匆忙低头躲避。更多战士被枪弹击中，轰然倒地或粉身碎骨。

一个吞世者瘫倒在塔维兹身边，后脑只剩下一摊脉动不已的猩红血肉。

炮艇转向盘旋，朝他们倾泻更多弹药。

塔维兹眼看着吞世者敌机调转方向重新逼近。反击火力刺入苍穹，击落了一架炮艇，它带着喷吐烈火的引擎砸落在燃烧的废墟上，顷刻间炸成碎片。

塔维兹能看到数十架雷鹰，想必吞世者的军械库已经倾巢出动。

领航雷鹰下降到废墟之间，悬浮在地面上方几米处，将突击舰梯垂落下来，爆矢弹顿时在炮艇出口溅起无数火花。

厄尔伦转向塔维兹。

"这不是你的战斗，"他盖过枪炮轰鸣喊道，"离开这里！"

"帝皇之子从不逃跑！"塔维兹拔出剑回答。

"这时候你就得逃跑！"

没有任何星际战士能够在涌入炮艇内部的子弹风暴中存活下来，但机舱里的乘客绝非普通的星际战士。

伴着一阵猛兽追猎般的呼吼，安格隆从炮艇上一跃而下，在摄人心魄的轰响中踏足这座覆灭城市。

他是一头来自传说的可怖巨兽。原体的凶恶面容被仇恨所扭曲，他手中那两柄巨型链锯斧久经沙场，浸透了数十载征战的鲜血。在那强悍原体落地之后，大批战士陆续从其他炮艇中现身。

几千名忠于战帅的吞世者跟随原体来到圣歌城，高喊着与安格隆那野蛮咆哮相呼应的震天战吼，与昔日同袍兵戎相见。

荷鲁斯一拳打穿了转播审判日视频信号的屏幕。吞世者炮艇编队的图像在重击之下顿时粉碎，安格隆的挑衅行为让他怒不可遏。他的一个盟友——不，一个下属——刚刚违背了他的直接命令。

阿西曼德、阿巴顿、艾瑞巴斯以及马罗格斯特在一旁谨慎观望，面对安格隆向病毒轰炸幸存者发动的急躁攻势，荷鲁斯的幕僚们显然十分忧虑。

任何生还者的存在本身都令人恼怒，而安格隆的贸然行动则让伊斯特凡战役局势愈加复杂。

"居然，"战帅咽下怒火说道，"我还会对此感到惊讶。"

"战帅，"阿西曼德说，"你对什么——"

"安格隆是个屠夫！"荷鲁斯猛地转过身，面对他的四王议会子嗣厉声说道，"他采用单纯粗蛮的暴力来解决一切问题。他向来先动手后动脑子，如果他还有脑子的话。但我居然从未预料到这个！当他看到圣歌城中还有自己军团的幸存者时，他还能作何应对？难道他可以安坐在星球轨道上，任由舰队将他们炸成灰烬？当然不会！但我并未作出任何防范！"

荷鲁斯瞥了一眼显示屏的碎片，"我再也不会像这样措手不及。任何命运的转折都休想再逃过我的注意。"

"问题依旧存在，"阿西曼德说，"我们怎么处理安格隆？"

"把他和城市废墟一起毁灭，"阿巴顿毫不迟疑地说，"如果我们无法指望他服从战帅，那么他就是个累赘。"

"吞世者是一件格外高效的恐怖武器，"阿西曼德反驳道，"既然他们能够为愚忠帝皇者带来浩劫，又何必摧毁他们？"

"士兵总会有，"阿巴顿说，"很多人都将乞求效忠战帅。我们不能容忍违抗命令的士兵。"

"安格隆是个屠夫，的确如此，但他的行为容易预料，"艾瑞巴斯说，首席牧师言语里暗藏的羞辱让荷鲁斯怒火中烧，"只要时不时允许他放肆一下，他就能维持顺从。"

"或许怀言者可以纵容背叛和谎言，"阿巴顿吼道，"但在荷鲁斯之子这里，不忠即死！"

"你对我的军团有什么了解？"艾瑞巴斯直面第一连长的怒火，他脸上那块冷漠讥笑的面具略微滑脱，"我知晓的秘密足以摧毁你的心智！你怎么敢跟我提欺瞒？这些，这个现实，你所知道的一切，这就是谎言！"

"艾瑞巴斯！"荷鲁斯的咆哮瞬间终结了争吵，"现在不是你粉饰自己军团的时候。我已有决断，你们无须多言。"

"那么安格隆将在轰炸中丧命吗？"马罗格斯特问。

"不，"荷鲁斯回答，"他不会。"

"但战帅，即便安格隆最终取胜，他也要在星球表面耽搁几个星期。"阿西曼德说。

"所以他不会单独战斗。吾儿，你们可知道帝皇为何任命我为战帅？"

"因为你是他最宠爱的子嗣，"马罗格斯特回答，"你是伟大远征中最卓越的战士和统帅。单单是你的名号就足以征服整个世界。"

"我不是要听谄媚。"荷鲁斯低吼道。

"因为你从不失败。"阿巴顿平静地说。

"我从不失败，"荷鲁斯点点头，瞪着他面前的四位阿斯塔特，"因为我眼中只有胜利。我从未见过不可转败为胜的战况，从未陷入无法逆转劣势的局面。这才是我成为战帅的原因。在戴文星球我倒下了，但经过那次危机之后我更加强大。对抗奥瑞厄斯的科治文明时，我们面临内忧外患，于是我利用那场冲突剿除了暗中串谋的叛乱分子。任何失败皆可被我化解为胜利的因素。安格隆决定让伊斯特凡Ⅲ变成一场地面冲突——我可以将其看作失败，并尝试止损，将安格隆和他的吞世者与整个星球一起炸成粉末，或者我可以在此铸就一场胜利，一场对未来产生深远影响的胜利。"

马罗格斯特打破了随后的沉寂，"我们该做什么，战帅？"

"通知其他军团，准备向圣歌城中残存的忠诚分子展开全面攻击。艾泽凯尔，集结军团。确保他们在两个小时之内做好进攻准备。"

"我很荣幸能够率领军团作战。"阿巴顿说。

"不会由你率领他们。这项荣誉属于赛迪瑞和塔苟斯特。"

怒气在阿巴顿身上升腾而起，"但我是第一连长。这场战斗需要坚定决心和残酷暴力才能取胜，简直是为我定制的！"

"你是四王议会的成员，艾泽凯尔，"荷鲁斯说，"我已经为你和小荷鲁斯安排了另一个角色。相信你会喜欢。"

"是的，战帅。"阿巴顿说道，先前的挫败感从他脸上一扫而光。

"至于你，艾瑞巴斯……"

"战帅？"

"别挡我们的路。荷鲁斯之子，各就各位。"

第十三章

马迦德

阵营

影月苍狼

图奈特机长认真聆听舰队传来的指令，但卡萨无从得知机长耳中的信息，他也不想听到——他正努力避免自己吐出来。每当他的感知游离到审判日系统之外时，目中所见都只有焦黑破败的废墟。他匆忙将自身意识撤回机械内部，躲藏在泰坦庞大的身躯里。

审判日在他周围逐渐恢复状态，他能体会到这台神之机械的臂膀充盈能量，武器完成装填。位于泰坦核心的等离子反应堆是一团喷薄着帝皇正义之怒的核能烈焰，与卡萨的心脏一同强劲搏动。

即便在这里，在死亡与恐怖的环伺之间，帝皇依旧与他同在。这台神之机械就是帝皇意志的延伸，在那毁灭风暴中傲然屹立。这念头为卡萨带来些许宽慰，帮助他专注心神。既然帝皇在此，那么帝皇便会保佑他们。

"来自复仇之魂号的命令，"图奈特简洁地说，"驾驶员，开火。"

"开火？"阿鲁肯愕然问道，"长官？伊斯特凡人已经没了。他们都死了。"

对于沉浸在泰坦系统里的卡萨而言，阿鲁肯的声音倍显遥远，但图奈特随后的话语无比清晰响亮，如同是在他耳边道出一般。

"不是伊斯特凡人，"图奈特回答，"向死亡守卫开火。"

"机长？"阿鲁肯追问，"向死亡守卫开火？"

"我没有重复自己命令的习惯，驾驶员，"图奈特回应道，"我的命令是向死亡守卫开火。他们忤逆了战帅。"

卡萨呆若木鸡。伊斯特凡III上的死亡难道还不够多，如今审判日竟要向死亡守卫开火，倒戈袭击那批他们原本负责支援的盟军。

"长官，"他开口争辩，"这毫无道理。"

"这不需要有道理！"图奈特高喊，他的耐心终于被耗尽了，"照办就是了。"

卡萨直视着图奈特的双眼，真相骤然揭示，仿佛是远在泰拉的帝皇向泰塔斯·卡萨递来了一束启迪之光。

"这不是伊斯特凡人干的，对不对？"他问道，"这是战帅干的。"

图奈特的面孔上缓缓露出一丝微笑，卡萨看到对方的手探向了腰间枪套。

卡萨没有拱手交出率先发难的机会，迅速抓起自己的配枪。

两人同时抬起武器开火。

马迦德迈步上前，抽出金色的科里安细剑，从腰间解下手枪。他比辛德曼记忆中更加壮硕，那肿胀可憎的身躯比例已非常人，更接近于阿斯塔特的体形。这就是马迦德服侍战帅所得到的奖赏吗？

克鲁兹没有浪费口舌，直接举起爆矢枪开火，但马迦德的盔甲与阿斯塔特动力甲不分伯仲，那颗子弹仅仅拉开了决斗的序幕。

辛德曼和梅萨蒂埋头逃窜，马迦德的手枪开始喷吐火舌，两位战士在震耳的枪声中发动冲锋，顶着对方的凶猛火力相互逼近。

奇勒冷静地看着马迦德的枪弹从克鲁兹的盔甲上咬下一块块碎片，但克鲁兹赶在杀手继续开火之前便扑到对方近身处。

克鲁兹挥拳打在马迦德腹部，而那沉默的杀手吃了一击之后立刻出剑劈向阿斯塔特的头颅。克鲁兹向后闪身躲避马迦德的凶猛挥砍，但剑刃还是切开了阿斯塔特战士的腹部盔甲。

鲜血短暂地从伤口里迸发出来，克鲁兹在骤然痛楚中跪倒，随后抽出战斗短剑，那把武器和普通人的长剑一般大小。

马迦德向他猛扑而来，用利刃在克鲁兹身侧割开一道深深的伤痕。更多鲜血从阿斯塔特老战士身上涌出。又一记致命攻击扫向克鲁兹头部，但这次战斗短剑与科里安细剑在挥洒四散的炽烈火花中相遇。克鲁兹首先恢复行动，将刀刃埋进马迦德胫甲的缝隙。刺客踉跄后退，克鲁兹身形不稳地站了起来。

刺客重新逼近，递出剑刃。马迦德的体形与克鲁兹不相上下，而且年轻力壮，但就连辛德曼也看得出来，此人动作迟缓笨重，仿佛还不适应新的身体形态。

克鲁兹滑步避开马迦德的剑弧，闪身扑入其防线内部，探出臂膀将对手的头颅紧紧锁住。

他的另一只手如闪电般袭来，战斗短剑自下而上直取马迦德的喉咙，但一只铁拳按住了克鲁兹的手，将利刃遏止在刺客喉结几寸之外。

克鲁兹奋力推动刀尖，但马迦德新近强化的力量更胜一筹，迫使短剑慢慢偏向一侧。克鲁兹脸上冒出大颗汗珠，辛德曼明白阿斯塔特难以独力赢得这场死斗。

宣讲者站起身来，跑向被马迦德抛落在地的手枪，那黝黑无光的枪身触手冰冷，倍显致命。虽然这是为凡人定制的枪械，但在他掌中依旧庞大得近乎荒唐。

辛德曼平举起沉重的手枪，走向两位殊死挣扎的战士。他不敢在远处开火，毕竟他对枪械毫无经验，击中救星与杀手的概率大概会是五五开。

他缓步接近那场死斗，将枪口直接抵贴在马迦德的血腥伤口上，那是克鲁兹方才挥剑营造的。辛德曼扣动扳机，剧烈的反冲几乎震碎了他的双腕，但他插手干预的成效远比这点损伤更为显著。

马迦德张开大口发出无声的尖叫，整个身躯都在骤然剧痛中颤抖。马迦德用来阻拦短剑的那条手臂顿时脱力，而克鲁兹则在一声怒吼中将利刃捅进对手的下巴，穿透了他的上颚。

马迦德双腿一软，像棵折断的大树般倒向一旁。金甲刺客与阿斯塔特翻滚在地，克鲁兹压住死敌，始终紧握短剑。

两人四目相对，马迦德把一口鲜血喷在克鲁兹脸上。克鲁兹则奋力推动短剑，刺入对手的大脑。

马迦德抽搐起来，他的庞大身躯在短暂扭动之后归于静止，克鲁兹凝视着一双空洞僵死的眼睛。

克鲁兹随后站起身来。

"面对面，"激烈搏斗让他喘着粗气，"不是用背叛和暗算，不是从千里之外出手。面对面。"

他看看辛德曼，点头表示感激。这位战士多处负伤，精疲力竭，但他全身笼罩着一份平和与安宁。

"我还记得往日的模样，"他说道，"在科索尼亚，我们将彼此视为兄弟。不仅仅是在我们帮派内部，甚至也包括我们的敌人。帝皇驾临巢都时目睹了这一点。我们是杀手，就像成百上千个其他世界中的杀手一样，但我们笃信一份比生命更为宝贵的准则。这正是他为影月苍狼灌注的品性。我本以为即便所有人都逐渐淡忘了，战帅也会记得，因为他是被帝皇选中领导我们的人。"

"不，"奇勒说，"你是最后一人。"

"当我意识到这一点时，我只是……说了他们想听的话。我努力融入他们，而我成功了。我几乎忘却了一切，直到……直到现在。"

"那球体的音律。"辛德曼轻声说。

克鲁兹的目光聚焦在奇勒身上，神色变得刚硬。

"我什么都没有做，耳旁风，"奇勒回答了他并未道出的疑问，"这是你亲口所说。科索尼亚的战士之道正是帝皇将你和众多兄弟选入影月苍狼的原因。或许点醒你的是帝皇本人。"

"我在很久以前就预料到了今日的事态，但我放任不管，我误以为自己的准则已经顺应了潮流，但事实上什么都没有改变。敌人只是从外部转移到了我们内部。"

"我说，这些话都挺深刻的，但我们能不能先从这该死的地方出去？"梅萨蒂问。

克鲁兹点点头，示意他们走向雷鹰炮艇，"你说得对，欧丽顿小姐，我们离开这艘战舰吧。它对我而言已经没有意义了。"

"我们跟你走，连长。"辛德曼说着，小心翼翼地迈过马迦德的尸体，匆忙跟上克鲁兹。漫长岁月的蚀刻仿佛从这位老兵身上彻底抹去，战斗中损失的能量似乎在主动回流。辛德曼察觉到对方眼中闪烁着前所未有的奕奕神采。

重新点亮亚克顿·克鲁兹双眸的那股顿悟光芒让辛德曼意识到，希望犹在。

而放眼银河上下，再也没有比一点点希望更具威胁的事物。

图奈特的子弹打得太高，而卡萨则打偏了。枪弹在舰桥的弧形天花板上弹开，乔纳·阿鲁肯急忙弯腰寻找掩蔽。图奈特翻身躲在指挥座背后，卡萨也从椅子上爬了起来，他的操作台陷在指挥舱地面里，与泰坦双眼处在同一水平线。卡萨再次开火，自动手枪的子弹击中图奈特座椅周围的电子仪器，爆起阵阵火花。

图奈特向他还击，卡萨匆忙躲进操作台的凹陷里。他的剧烈动作扯掉了接在额头上的缆线，一滴滴鲜血顺着面孔流淌下来，湿滑的单分子金属丝贴在他脖颈上。

与神之机械的操纵系统骤然断开让他一阵头痛。

"泰塔斯！"阿鲁肯喊道，"你在干什么？"

"驾驶员，投降或者受死！"图奈特高声说，"扔下武器投降！"

"这是背叛！"卡萨吼道，"乔纳，你知道我是对的。这是战帅干的。他毁灭了这座城市来埋葬所有心怀信仰的人！"

图奈特从华丽的指挥椅背后胡乱开火，"信仰？你竟为了宗教迷信而背叛战帅？你身染恶疾，知道吗？宗教是一种疾病，我早该把你处理掉了。"

卡萨思绪飞转。只有一条路可以离开指挥舱——那道门通向泰坦背部区域的等离子反应堆及其机组人员和工程师。他不敢逃跑，担心自己脱离掩护的时候图奈特会趁机把他打死。

但图奈特也有同样的顾虑。

他们都被困在了这里。

"你早就知道，"卡萨说，"你早就知道这场轰炸。"

"我当然知道。你怎么会如此愚蠢？你现在还不明白这个星球上究竟发生了什么吗？"

"帝皇遭到了背叛。"卡萨说道。

"根本没有什么帝皇，"图奈特大喊，"他抛弃了我们。他背离了人们用性命为他打下的帝国江山。他根本不在乎。但战帅在乎。他征服了银河，银河理应归他统御，但有些蠢货就是不明白。是他们逼迫战帅走到这一步的，只有如此，战帅才能去开展那些必要的工作。"

卡萨的脑海一片混乱。图奈特背叛了帝皇和帝国，卡萨突然意识到，舰桥里的这场争斗恰恰映射着外面更大规模的冲突。

图奈特突然站起身，一边冲向出口一边胡乱开火，两发子弹都砸进了卡萨身后的舰桥舱壁。

"你们休想！"卡萨大喊着发动还击。他的第一枪射歪了，但此刻图奈特机长正在费力打开复杂的门锁。

卡萨瞄准了图奈特的后背。

"泰塔斯！不要！"阿鲁肯喊着，猛然扭动泰坦的主方向控制杆。泰坦疯狂地晃动起来，整个舰桥像风暴中的一叶扁舟般摇摆不定。卡萨被甩向后方的墙壁，错失了开枪的机会。图奈特则将舱门拽开，纵身扑出泰坦舰桥，离开了卡萨的视野。

泰坦最终重新恢复稳定，卡萨匆忙站起来。一个身影出现在他面前，他险些抬手开火，随后意识到那是乔纳·阿鲁肯。

"泰塔斯，行了，"阿鲁肯说，"别这样。"

"我没有选择。这是背叛。"

"你没必要死啊。"

卡萨把头往泰坦双眼的方向一偏，他们依旧能看到外面的死亡守卫踏着全无人形的尸体在壕沟里穿行，"他们也没必要死。你知道我是对的，阿鲁肯。你知道战帅背叛了帝国。如果我们能控制审判日，就能设法阻挠他。"

阿鲁肯的目光从卡萨脸上移向他手中的枪，"都结束了，卡萨。你就……你就放弃吧。"

"和我并肩作战，或者与我为敌，乔纳，"卡萨漠然地说，"你打算成为帝皇的信徒还是他的敌人？这是你的选择。"

他们常说，星际战士无所畏惧。

这样的定义严格上讲并不准确，星际战士能够品味到恐惧，但积年累月的训练和教导可以帮助他们对抗恐惧，避免它在战斗中成为阻碍。索尔·塔维兹连长也不例外，他曾经直面枪林弹雨和可怖异形，甚至目睹过来自亚空间的疯狂邪物，然而当安格隆发起冲锋的时候，他转身夺路狂奔。

那下凡天神般的基因原体以雷霆万钧之势在废墟里横冲直撞。他口中疯狂呼吼，链锯斧一挥之下就将两名忠诚派的吞世者腰斩了，副手武器的猛击则洞穿了第三个战士的躯体。紧随其后的反叛吞世者纷纷越过瓦砾，用爆矢手枪和链锯剑展开杀戮。

"死！"厄尔伦连长咆哮着率领忠诚战士展开反攻，埋头陷入敌阵。塔维兹早已习惯于目睹阿斯塔特利用佯攻、反冲锋和交叠火力网蚕食敌人，或是优雅而精准地穿透对方阵线。吞世者的作战方法丝毫不具备帝皇之子所崇尚的完美风格。他们拥有的是愤怒与憎恨，是野蛮与狂暴，是对毁灭的强烈渴求。

他们此刻与往日同袍对阵沙场，与并肩征伐多年的战斗兄弟以命相搏，那满腔恨意更是无法比拟。

　　塔维兹踉跄地从那场屠杀中脱身。众多急躁的吞世者将他一把推开，朝安格隆发起冲锋，但原体周围散落的破碎尸首预示着他们必将面对的命运。塔维兹低身撞穿一道损毁的墙壁，扑倒在一个林立着高大塑像的庭院里，其中很多伤痕累累的石雕都在今日的战火中丢失了头颅。

　　他向身后瞥了一眼。数千名吞世者深陷于杀戮的恐怖飓风之中，迫不及待地阋墙相残。高大可畏的安格隆正是那血腥的风眼，正用掌中的双斧大杀四方。

　　厄尔伦连长在不远处扑倒，那吞世者的目光在塔维兹身上停留了一瞬间。厄尔伦血肉模糊的脸如同一张赤红面具，只有双眸尚可勉强分辨。一群吞世者猛扑过来，将他压倒在地，如同切割肉块的屠户般展开了血腥的工作。

　　一阵阵爆矢弹雨扫过墙壁，战斗顷刻间涌入这片庭院，吞世者们相互近身，奋力抬起爆矢枪贴身开火，用链锯斧将战斗兄弟开膛破肚。塔维兹站起身继续狂奔，附近的一道墙壁轰然倒塌，十几名叛徒蜂拥而来。

　　他赶忙闪到一根石柱后面，爆矢弹的凶残冲击啃下了一块块大理石碎片。战斗的轰鸣穷追不舍，塔维兹明白他必须找到帝皇之子。在这场混乱鏖战中，他只有与战友会合后才可能重铸秩序。

　　塔维兹继续奔跑，枪林弹雨从四面八方向他袭来。他穿过一座壮丽大厅的废墟，冲进空旷无人的厨房里。

　　他脚步不停，带着迅猛势头撞穿建筑残骸，最终置身于圣歌城的街道。一艘熊熊燃烧的炮艇从头顶掠过，伴着橘红火光扎进一座房屋，他刚刚离开的那片废墟被枪弹席卷，安格隆的怒吼在恶战的轰鸣中依旧清晰可闻。

　　这座城市的焦黑废墟被如火如荼的战斗所填充，领唱者宫殿的壮丽拱顶逐渐显现在视野里。

　　塔维兹匆匆穿过这片修罗场，向他挚爱的帝皇之子快步前进。他暗自发誓，如果这个该死的星球就是他的葬身之处，那么他也要与战斗兄弟一同赴死，抗拒战帅所播撒的仇恨的种子。

　　洛肯看着荷鲁斯之子在妖鸣堡远端着陆。他的星际战士们——他再也无法将身边战友视作"荷鲁斯之子"了——已经在最近的一座陵墓高塔周围组成了颇具威慑力的牢固防线。

他的重武器小队控制着遍布神殿的峡谷，那是来犯者的必经之路，战术小队则坚守于几座扮演着战略要地的废墟，将主动权紧握在自己手中。

但这一次敌人不是伊斯特凡士兵，而是他的昔日兄弟。

"我以为他们会先轰炸我们。"托迦顿说。

"他们应该那样做的，"洛肯回答，"有什么事情不对头。"

"想必是阿巴顿，"托迦顿说，"他肯定忍不住要和我们当面对峙。荷鲁斯无法约束他。"

"或者是赛迪瑞。"洛肯用充满厌恶的语气回应道。午后的太阳低垂于天际，躲藏在投下阴影的高墙和陵墓之间。

"我从没想过会这样结束，塔瑞克，"洛肯说，"我本以为或许是在围攻某个异形堡垒的时候，或许是守卫……守卫泰拉的时候，就像古老史诗中的场景，某种浪漫主义的结局，某种能让记述者感兴趣的故事。我从没想到过会在这样一个鬼地方，死在我们自己的战斗兄弟手里。"

"是啊，不过你一向是个理想主义者。"

荷鲁斯之子开始穿越峡谷，从陵墓高塔的另一端逼近，那是最理想的进攻路线，洛肯明白这将是自己一生中最为艰难的战斗。

"我们不一定要死在这里。"托迦顿说。

洛肯看着他，"我明白，我们尚有胜算。我们可以破釜沉舟。我会在前线率领冲锋，这样的话我们还有机会——"

"不，"托迦顿说，"我的意思是，我们不一定要在这里防守。你我都知道，我们可以穿过正门进入城区。如果我们向领唱者宫殿转移的话，就能与帝皇之子或者吞世者会合。卢修斯说他是从索尔·塔维兹那里得到的警告，所以其他军团肯定也知道我们遭到了背叛。"

"索尔·塔维兹在伊斯特凡Ⅲ上？"洛肯问道，希望之火突然在他心中点燃。

"显然是的，"托迦顿点点头，"我们可以联手作战，加强宫殿的防御。"

洛肯回头看着那犬牙交错的神殿与陵墓高塔，"你打算撤退？"

"既然我们在这里难有胜算，而在其他战场还能拼死一搏，那么是的。"

"我们手握这片战场的主动权，类似的机会不可能重现了，塔瑞克。圣歌城已经不复存在，整个该死的星球都完了。我们能做的就只有惩罚这场背叛，为牺牲的兄弟报仇。"

"我们都失去了兄弟，加维尔，但白白送命也没法让他们起死回生。我同样渴望复仇，但我不会把手头仅存的战士浪费在一次徒劳的反抗上。考虑一下，洛肯。认真考虑一下，你究竟为什么要在这里和他们作战。"

洛肯已经能听到第一阵枪声响起，他明白托迦顿是对的。他们依旧是最为训练有素、最为纪律严明的军团，他知道如果要与那些叛徒死战到底，那么就绝不可意气用事。

"你是对的，塔瑞克，"洛肯说，"我们应该与塔维兹会合。我们需要重整部队，之后发动反击。"

"我们能让他们真正吃些苦头，加维，我们能迫使他们陷入战局，难以脱身。既然塔维兹向我们发出了警告，谁知道是不是另有人正把消息传向泰拉？或许其他军团已经得知了这里发生的剧变。某些人低估了我们，他们以为这该是一场屠杀，但我们要让局势升级。我们要把伊斯特凡Ⅲ变成一场战争。"

"你认为我们能做到吗？"

"我们是影月苍狼，加维。我们能做到任何事情。"

洛肯握住兄弟的手臂，认同对方话语中的真理。他转身面对肃立于身后的队伍，战士们正用瞄准镜扫视峡谷。

"阿斯塔特！"他高喊，"你们都知道发生了什么，我和你们一样痛苦而愤怒，但我需要你们专注于如今的责任，不要让情感遮蔽住战争的冰冷现实。兄弟之盟已经破碎，我们不再是荷鲁斯之子了，那个名号对我们而言毫无意义。我们现在是影月苍狼，是帝皇的战士！"

震耳欢呼随之响起。洛肯继续说道："我们要放弃这片战场，冲破大门向宫殿转移。托迦顿连长和我会与突击单位一起引领矛头部队。"

重拾旧名的影月苍狼很快便准备就绪，托迦顿厉声下令，将突击小队部署在前。众多战士聚拢到洛肯身边，在陵墓高塔脚下的阴影里结成一股反抗力量。

"为生者杀戮，也为死者杀戮。"托迦顿在准备出动时说。

"为生者杀戮。"洛肯回应道，拥有大约两千名影月苍狼的矛头部队从妖鸣堡的墓园中开拔，向宏伟的正门前进。

洛肯转身回望峡谷，扫视荷鲁斯之子的身影。更为庞大的幽暗形体在远方虎视眈眈,将饱受战火摧残的神殿和雕像碾成粉末:犀牛运兵车,笨重的兰德掠夺者,甚至还有一台无畏机甲的方形剪影。

他觉得同室操戈的悲剧本该令人满怀哀痛,但此刻他心中没有丝毫伤感。

只有仇恨。

阿鲁肯眼神空洞,大汗淋漓。卡萨惊讶地发现,对方平日的高傲自负已经被恐惧取而代之。但即便有这份恐惧,卡萨依旧无法完全信任阿鲁肯。

"这必须结束,泰塔斯,"阿鲁肯说,"你可不想当殉道者,对不对?"

"殉道者?对于一个不承认自己怀有信仰的人而言,这真是奇怪的用词。"

一个惨淡微笑展露在阿鲁肯脸上,"我没有你想象中那么蠢,泰塔斯。你是个好人,更是个好驾驶员。你对一些事物怀有信仰,这是很多人难以做到的。所以我倒宁愿你别死了。"

卡萨没有回应阿鲁肯的强颜欢笑,"行了,我知道你这话都是讲给机长听的。我确定他每个字都听得很清楚。"

"或许是吧,但他也明白,一旦他打开那道门,你就会一枪崩掉他的脑袋。如此说来,我们两个想讲什么就可以讲什么。"

卡萨握着枪的手松弛了一点,"你没有被他收买?"

"嗨,咱俩最近可是一起经历过不少让人屁滚尿流的事,不是吗?"阿鲁肯说道,"我明白你的感受。"

卡萨摇摇头,"不,你不明白,而我很清楚你的打算。我不能退让,我在以帝皇之名奋起抗争。我不会轻言投降。"

"听我说,泰塔斯,你愿意信什么就信什么,但你没必要向谁证明。"

"你觉得我这样做是在摆姿态吗?"卡萨抬起枪,指着阿鲁肯的喉咙问道。

阿鲁肯高举双手,小心翼翼地绕开机长指挥椅,穿过舰桥站在他对面。

"帝皇不仅仅是一个令人有所寄托的形象,"卡萨说,"他是个神。他拥有圣人与神迹,这些我都亲眼所见。你也看到了!想想你目睹的一切,你就会明白你必须帮助我,乔纳!"

"我确实看到了一些诡异的事情,泰塔斯,但是——"

"不要徒劳否认,"卡萨打断对方,"它们都是真实的。就像你我站在这架战争机械里一样真实。乔纳,帝皇真实存在,他时刻审视着我们。我们所作的艰难抉择正是他裁判善恶的依据。战帅背叛了我们，如果我轻易退让袖手旁观的话，我就同样背叛了帝皇。有些原则必须得到捍卫，阿鲁肯。你连这都看不清吗？如果没有人挺身而出，战帅就会阴谋得逞，关于这场背叛的一切记忆都会遭到抹杀。"

阿鲁肯带着挫败感摇摇头，"卡萨，如果我能让你明白——"

"你是打算告诉我，从来没有任何事物值得你信奉吗？"卡萨问道，他失望地转过身去。透过观察舱的烧焦窗口，他举目遥望下方正在集结的死亡守卫。

"泰塔斯，我很久都没有信奉过什么了，"阿鲁肯回答，"为此我真的感到很遗憾，另外我对这个也感到很遗憾。"

卡萨转身看到乔纳·阿鲁肯掏出了手枪，直指他的胸口。

"乔纳？"卡萨愕然问道，"你要背叛我？就在我们共同经历了这一切之后？"

"我想要指挥一架自己的泰坦，泰塔斯，在这世上我别无所求。终有一天我会成为阿鲁肯机长，但如果我放任你为所欲为的话，这就不可能实现了。"

卡萨说："当你意识到整个银河都误入歧途，而你可能是坚守正道的最后一人时……你依旧矢志不渝。那就是信仰，阿鲁肯。但愿你能明白这一点。"

"太晚了，泰塔斯。"阿鲁肯说，"我很抱歉。"

伴着充斥舰桥的闪光与轰鸣，阿鲁肯的枪咆哮了三声。

走入领唱者宫殿拱门阴影的塔维兹尚可辨认出远方的恶战。他摆脱了安格隆用残暴杀戮所引发的那场死亡旋风，抵达这里与战友会合，但吞世者原体已然在他脑海里烙下了猩红恐怖的难忘形象。

塔维兹朝宫殿内部望去，那尸首横陈的高大厅堂越发昏暗，傍晚斜阳把阴影拉得修长。夜幕即将降临。

"卢修斯，"塔维兹对着通信器喊道，静电噪音的嘶吼并未停歇，"卢修斯，回答。"

"索尔，你看到什么了？"

"炮艇和空降舱，我们的涂装，在北边着陆。"

"是原体屈尊来接见我们了吗？"

"看起来像是艾多伦。"塔维兹释然地说。通信频道充满噪音，他知道战帅的部队会在不影响己方通信的条件下尝试堵塞频道。

"听着,卢修斯,安格隆一定会突破防线。那些忠诚吞世者不可能挡住他。他必将直取宫殿。"

"那么我们就有仗可打了,"卢修斯故作庄重地说,"我希望安格隆能带来一场漂亮的战斗。或许我终于可以找到一个够格的对手了。"

"欢迎你去找他单挑。我们将着手在中央拱顶布置路障,让这道防线充分发挥作用。如果安格隆能多给我们一点时间的话,我们再去其他拱顶和关口构建工事。"

"什么时候你变成指挥了?"卢修斯暴躁地问,"杀掉瓦杜斯·普拉尔的人是我。"

战友在这紧要关头的幼稚态度让塔维兹倍感恼火,但他咽下怒气说道:"进去协助他们把守路障。过不了多久我们就会陷入苦战了。"

雷鹰匆匆离开复仇之魂号,克鲁兹启动后燃器让战机逐渐加速。终于逃脱战帅旗舰让梅萨蒂感到一阵难以言喻的轻松畅快,但周围众多庞大战舰的闪烁光芒把冰冷现实泼在她脸上,他们无处可去。

"现在呢?"克鲁兹问道,"我们出来了,下一步去哪儿?"

"我告诉过你,我们并非孤立无援,不是吗,亚克顿?"悠弗拉迪回答,她正坐在阿斯塔特身边的驾驶员位置上。

那个战士瞥了她一眼,"你的确说过,记述者。可是如果我们死在这里的话,什么朋友也帮不上忙。"

"但毕竟是死得其所啊。"奇勒带着难以察觉的幽幽浅笑说道。

辛德曼也投来了忧虑的目光,他想必担心自己是否过度相信了悠弗拉迪,最终还是难以在这黑暗太空里逃出生天。那位老人看起来渺小而羸弱,梅萨蒂轻轻握住对方的手掌。

透过舷窗,梅萨蒂可以看到遍布四下的闪亮光点:隶属63号远征舰队的众多敌对星舰环伺八方。

仿佛是要特意反驳这个想法,悠弗拉迪伸手指向一艘丑陋战舰,如果他们维持航向的话,很快就会从它腹侧经过。伊斯特凡星系恒星的虚弱光芒照映着那未经涂装的铁灰色舰身。

"向那艘船前进。"悠弗拉迪命令道,梅萨蒂惊讶地发现克鲁兹毫无异议地转动了操纵杆。

梅萨蒂对于星舰知之甚少,但她明白那艘巡洋舰上肯定塞满了能够击毁过路雷鹰的炮台,或许甚至能派遣战斗机展开拦截。

"我们为什么要靠近?"她匆忙问道,"我们应该远离它才对吧?"

"相信我,梅萨蒂,"悠弗拉迪说,"必须如此。"

至少能死得痛快,梅萨蒂心想,那艘战舰在舷窗中逐渐变大。

"是死亡守卫。"克鲁兹说。

梅萨蒂咬着嘴唇望向辛德曼。

那老人看起来很冷静,"还真是一场奇妙的冒险,嗯?"

梅萨蒂忍不住微笑起来。

"我们该怎么办,凯瑞尔?"梅萨蒂问道,泪水夺眶而出,"我们还能做什么?"

"这依旧是我们的战斗,梅萨蒂,"悠弗拉迪从舷窗前转过身,"这战斗有时候是刀锋相见,有时候则是话语和理念的对决。我们都有各自的角色。"

梅萨蒂呼出一口气,她不能也不愿相信,前方那艘虎视眈眈的巡洋舰里能够存在盟友。

"我们并不孤独。"悠弗拉迪微笑着说。

"但这场战斗……远不是我能影响的。"

"你错了。我们每个人都和战帅一样有权左右银河的命运。只要坚信于此,我们便可击败他。"

梅萨蒂点点头,看着巡洋舰逐渐迫近,那黝黑修长的舰身披着暗淡星光的镶边,晶莹气云包裹在引擎周围。

"雷鹰炮艇,认证身份。"一个粗重而苦恼的嗓音在通信器中响起。

"实话实说,"悠弗拉迪警告道,"一切都倚仗你的诚实。"

克鲁兹点点头回答,"我的名字是亚克顿·克鲁兹,前任荷鲁斯之子。"

"前任?"对方追问道。

"是的,前任。"克鲁兹说。

"解释清楚。"

"我不再是那支军团的一员了,"克鲁兹说道,梅萨蒂能听到此话出口时饱含了其中的痛楚，"我无法坐视战帅的所作所为。"

在一阵漫长的沉寂之后，对方的声音重新响起，"那么我的战舰欢迎你，亚克顿·克鲁兹。"

"你是谁？"克鲁兹问道。

"我是艾森斯坦号的内森尼尔·加罗连长。"

第三部

兄弟

第十四章

熬过去
卡墨西安
背叛

"我已经记不清日子了。"洛肯蹲在一道俯瞰圣歌城闷燃废墟的临时工事背后。

"我不觉得伊斯特凡Ⅲ还有什么日夜之分了。"索尔·塔维兹回答。

洛肯抬头看着铁灰色的天空,伊斯特凡Ⅲ星球表面几乎一切生命的突然灭绝引发了灾难性的气候变化,让一层沉重的乌云笼罩大地。尘埃如蒙蒙细雨般飞扬飘落,这是火风暴在大陆彼端肆虐的余烬,被燥热狂风卷来此处。

"他们正在集结,准备下一波攻势。"塔维兹指着宫殿东边一片昔日的庞大住宅区,如今那已是覆满尘土的破败瓦砾。

洛肯跟随战友的视线望去。他能勉强瞥见脏污的白色盔甲。

"吞世者。"

"还能是谁?"

"我不知道安格隆是否懂得其他的作战方式。"

塔维兹耸耸肩,"他大概也掌握其他战术。他只是更喜欢自己的方式。"

塔维兹和洛肯第一次见面是在谋杀星球,当时荷鲁斯之子与帝皇之子并肩对抗丑恶的巨蛛怪异形。塔维兹是一名优秀战士,而且不像那个军团的其他成员一样表现出令托迦顿十分反感的哗众取宠之风。

洛肯只能模糊地回忆起撤离妖鸣堡的过程,那是一段在破碎陵墓与燃烧废墟中且战且退的艰苦经历。他记得在自己昔日兄弟间杀出一条血路,埋头冲向妖鸣堡的雄伟大门,没有丝毫喘息之机,直到他们望见了领唱者宫殿那壮美的花岗岩玫瑰造型。

"他们会在一个小时之内出击,"塔维兹说,"我会派人增援防御工事。"

"这可能是场佯攻,"洛肯说道,他清晰地记得困守宫殿的最初几天,"安格隆攻击一边侧翼，艾多伦从另一边夹击。"

首次目睹塔维兹率部作战的时候，洛肯仿佛是旁观了一场波澜壮阔的对弈，帝皇之子战士便是布局精妙的棋子，展开一场场伴攻反击。任何逊于索尔·塔维兹的指挥官都可能早已让麾下兵力被对方蚕食殆尽，但这位帝皇之子上尉居然想方设法顶住了长达三天的如潮攻势。

"我们有所准备。"塔维兹俯瞰着下方的幽深宫殿说道。

洛肯和塔维兹爬到了一座部分坍塌的拱顶上，这里和领唱者宫殿的众多区域一样，在烈焰风暴与焦灼战火中化作废墟。

断裂的花岗岩花瓣组成了天然掩体，洛肯和塔维兹便躲在这后面，而脚下那些堆满碎石的拱顶里也有数百名幸存者驻守防线。影月苍狼与帝皇之子用陈列在宫中的无价雕像和其他艺术品堆砌路障和工事。

那些伟大先王的威武塑像皆匍匐于地，阿斯塔特战士则躲在它们背后。

"你觉得我们能守多久？"洛肯问。

"我们能熬过去，"塔维兹回答，"你自己也说过，我们每存活一秒，帝皇都更有可能得知这一切，并派遣其他军团来让荷鲁斯伏法。"

"如果加罗能够成功脱险的话，"洛肯说，"但他可能已经死了，或是迷失在亚空间里。"

"或许吧，但我必须希望内森尼尔安然无恙，"塔维兹说，"而我们的职责就是尽可能久地拖住敌人。"

"正是这件事让我不安。安格隆的冲动妄为或许是一切的起始，但战帅完全可以召回他麾下的各个军团，把这座城市炸成尘埃。他必然会承受一些损失，但即便如此……整个星球早就该毫无生机了。"

塔维兹微笑着回应，"四位原体，加维尔。这就是你想要的答案。四位从不习惯临阵退却的战士。谁愿意成为第一个撤离的人？安格隆？莫塔瑞恩？如果率领帝皇之子的是艾多伦，那么他还远远未能向众位原体证明自己，而我也从来没有听说过荷鲁斯会展现任何弱点，尤其是在他的兄弟原体面前。"

"的确，"洛肯表示认同，"战帅在介入一场战争之后就绝不会退却。"

"所以他们必须把我们都杀掉才行。"塔维兹说。

"没错。"洛肯严肃地说。

他们两人头盔里的通信器轻声鸣响，传来托迦顿的声音。

"加维尔，索尔！"托迦顿说道，"我得到了报告，吞世者正在大批集结。我们已经能听到吟唱的声音了，所以他们很快就会来。我增援了东部的防御工事，但这里需要每一个战士。"

"我会把我的人从画廊拱顶调过去一些，"塔维兹回答，"我也会让洛肯过去。"

"你要去哪儿？"洛肯问。

"我要去检查一下西边和北边的情况，再安排点人手到教堂那边去。"塔维兹指着拱顶废墟对面的诡异活体建筑说道，那是紧邻领唱者宫殿的战争歌者教堂。

幸存者们都本能地避开教堂，甚至很少有人目睹过里面的场景。吞噬了圣歌城灵魂的堕落污染充斥着那座建筑全身。

"我会防守教堂，卢修斯负责地面，"塔维兹转身面对洛肯继续说，"我发誓，有时候我觉得卢修斯其实在享受这些。"

"要我说，他是有点太享受了，"洛肯回答，"你需要多留意他。"

一阵熟悉的沉闷爆炸声突然回荡起来，碎石与烟尘如同冲天高塔般在宫殿北部拔地而起，继续蹂躏着饱受折磨的圣歌城。

"真是神奇，"塔维兹说，"那边居然还有活着的死亡守卫。"

"死亡守卫的命确实很硬。"洛肯答道，随后走向一条简易扶梯，前往下方的画廊拱顶废墟。

虽然嘴上轻描淡写，但他心里知道这确实神奇。向来不以优雅精细著称的莫塔瑞恩采取了简单粗暴的方式，把舰队中最庞大的一艘轨道运输船降落于西部壕沟边缘，在他麾下死亡守卫部署集结的时候，运输船的防御炮台便向那些战壕肆意倾泻爆矢弹。

此后，圣歌城中再没有人听说过死亡守卫的下落。

但是根据日复一日胡乱轰炸叛徒营地的零星炮弹来判断，显然还有忠诚的死亡守卫在抵抗莫塔瑞恩的围剿。

"我只希望我们都能坚持那么久，"塔维兹说道，"弹药补给已经开始短缺。很快我们的阿斯塔特也会开始短缺。"

"只要有一个人活着，上尉，我们就会继续战斗，"洛肯承诺，"荷鲁斯选择与你我为敌是大错特错。我们会让他后悔的。"

"那么，等到把安格隆赶跑之后我们再谈。"塔维兹说。

"回头见。"

洛肯遁入拱顶，留下塔维兹独自俯瞰那焦黑破碎的城市。在圣歌城这梦魇景象的包围下，他已经战斗了多久？两个月？三个月？

尘土飞扬的天空与火焰闷燃的废墟在目力所及之处将宫殿重重包围起来，整座城市都仿佛是伊斯特凡人所笃信的某种地狱。

塔维兹摇摇头，把这念头从脑海里驱赶出去。

"不存在什么地狱、神祇，或是永恒的奖惩。"他告诉自己。

卢修斯能听到那杀戮之声。它清晰可辨，就像摆在面前的一份乐谱供他解读。他了解吞世者与荷鲁斯之子截然不同的战吼，他知道用来掩护攻势与防守阵线的爆矢枪齐射之间有何显著区别。

索尔交给他驻守的教堂丝毫不适合伟大远征的背水一战。不久之前，这里还是敌军的神经中枢，而现在那些简陋工事却变成了卢修斯手中仅有的防线，用以抵抗占尽优势的叛徒大军。

"听起来不好对付，"纳希卡小队的索拉森兄弟蹲在教堂的狭长窗框旁说道，"他们可能会突破进来。"

"我们的好朋友洛肯能够应对，"卢修斯冷笑着说，"安格隆想多砍下几颗人头。他别无所求。你听？能听到吗？"

索拉森歪着头努力聆听。阿斯塔特的听觉与其他感官一样极为敏锐，但索拉森似乎无法理解卢修斯的意思，"听到什么，上尉？"

"链锯斧。但并不是在切割塑钢或者其他链锯武器，而是在切割石头和金属。吞世者无法与那边的荷鲁斯之子短兵相接，所以他们试图从路障里砍出一条通道来。"

索拉森点点头，"不出塔维兹连长所料。吞世者只知道一种作战方式。我们可以对此加以利用。"

索拉森对索尔·塔维兹的赞扬让卢修斯皱起眉头，自己对这场防守所作的贡献竟遭到如此忽视，杀掉瓦杜斯·普拉尔的不是他吗？当病毒炸弹与火焰风暴席卷星球之时，将这些战士带入安全区域的不是他吗？

卢修斯抛开脸上的苦涩，透过窗户凝视下方那片缀满了焦黑废墟的广场。

教堂窗户奇迹般地完好无损，但玻璃已经在火风暴的高热中扭曲鼓胀，上面穿插着藤蔓状的变色痕迹，让卢修斯联想到一枚昆虫的巨眼。

教堂里面的模样比外观更加诡异，用于建造内墙的扭曲绿石组成了种种高大阴森的有机形体，好像一团毒性剧烈的秽恶气体在翻滚升腾中瞬间石化定型。教堂后部的祭坛则由淡紫色的石料搭建而成，形如一张延伸扩展的生物膜，仿佛某种结构复杂的内脏器官在遭到解剖之后又被钉在墙上以便观察。

"吞世者不是你需要顾虑的敌人，兄弟，"卢修斯漫不经心地说，"你需要顾虑的是我们。"

"上尉，我们？"

"帝皇之子，"卢修斯回答，"你知道我们的军团如何作战。那才是真正危险的对手。"

大部分幸存至今的忠诚派帝皇之子都在捍卫这座教堂。塔维兹带兵驻守最近的大门，另有几支小队分散部署在下层那些活体器官般的怪异突起之间。纳希卡小队只剩下四名成员了，其中包括卢修斯自己，他们与奎蒙迪尔以及瑞萨林小队便是忠诚派主要的突击力量。

塔维兹将凯瑟隆士官的支援小队以及帝皇之子残余的重武器都安排在了教堂屋顶。战术小队的阿斯塔特坚守于教堂窗户旁或是更深处的掩体里。卢修斯麾下的其余战士则在教堂外围就位，借助他们在战事早期用坍塌石板构筑的路障阻击敌人。

两千名星际战士，这兵力足以在伟大远征的一整片战区里叱咤纵横，此刻他们却全力防守一座战争歌者的教堂，牢牢扼住这条通向领唱者宫殿的咽喉要道。

远方的动静引起卢修斯的注意，他透过扭曲的窗户遥望焦黑房屋。

那里！一抹金光。

他微笑起来，心里很清楚帝皇之子是如何作战的。

"敌军出现！"他向自己的部队发出警告，"西边第三个街区，二层。"

"确认目标。"凯瑟隆士官回答，这位不苟言笑的武器军官将战争视为一种通过射击角度与火力强度来解决的数学问题。卢修斯能听到支援小队在屋顶展开行动，用重武器瞄准他刚刚指出的位置。

"西部阵线，准备迎敌！"卢修斯命令道。几支战术小队迅速在卢修斯这一侧的教堂窗边就位。

战前的紧绷气氛无比美妙，卢修斯听到那死亡之乐在血脉中逐渐奏响，一股狂喜的快感涌上心头，沿着四肢百骸蔓延开来。针锋相对的残酷冲突便意味着在沙场上至臻完美的机会，若要让一场鏖战真正值得铭记，就必须有这种充满了焦躁与期待的紧张时刻，让即将来临的死亡和荣耀充分浸透他的全身。

"看到他们了，"凯瑟隆从教堂屋顶传来报告，"帝皇之子。主力部队分散在数层。也有装甲。兰德掠夺者和掠食者。激光炮，向前！重型爆矢枪，覆盖中距开阔场地，交叠火力！"

"艾多伦。"卢修斯说道。

卢修斯已经能够看清敌人了，数百名阿斯塔特身穿他挚爱的紫金盔甲，在建筑废墟的空洞窗户后面集结列队。

"他们会首先等待支援力量就位，"卢修斯说，"然后他们会利用兰德掠夺者运送部队前进。步兵会在中距或者近距下车。在他们现身之前不要开火。"

履带隆隆轰鸣，兰德掠夺者在将圣歌城的破碎废墟碾成粉末，它们饰有闪亮的镶金鹰翼，厚重铁甲上披覆着描绘战争场面的彩绘，倍显雍容华贵。每一辆坦克都满载着帝皇之子，那些银河中最为精锐的战士奉艾多伦与弗格瑞姆之命，将昔日兄弟视为不共戴天的仇敌。

对于艾多伦而言，第一波攻击部队的幸存者都是活该受死的无知蠢货，但他并未考虑到卢修斯的存在。能够再次面对自己的军团让卢修斯满怀期待地舔着嘴唇，这些战士都是有价值的对手，他愿意尊敬这些敌人。

或是赢得他们的尊敬……

卢修斯几乎能看到诸多敌方小队了，他们满怀自信地迅速展开部署，仿佛这只是一场盛大的阅兵，而非惨烈的战争。

他能品尝到战斗真正爆发的那一瞬间。

他渴望的鏖战即将打响，但他也知道在时机成熟之后，战斗的诱人味道会更加美妙。

来自坦克的炮弹开始洞穿教堂墙壁，让一扇扇窗户轰然碎裂，地面上飞溅着大理石屑与玻璃残片。

"稳住！"卢修斯命令道。无论如何，他麾下的阿斯塔特依旧是帝皇之子，他们不会像毫无纪律的吞世者那样擅自妄动。

他透过破碎玻璃小心地窥视窗外，看到兰德掠夺者在大理石广场上扬起猎猎沙尘。紧随其后的掠食者坦克担任移动炮台，从颤抖不已的教堂护墙上剥下大块砖瓦。双方的激光炮也开始交火，凯瑟隆的战士们试图使气势汹汹的敌军坦克瘫痪，而兰德掠夺者的侧挂武器则试图消灭那些盘踞于屋顶的阿斯塔特。

一辆掠食者的履带被轰断，失控偏斜的坦克顿时冲向一旁，另一辆战车随即淹没在五彩缤纷的火球中。身披紫色盔甲的残躯从窗外坠落——那些尸体只是前菜，共同为盛大的死亡飨宴拉开序幕。

卢修斯抽出长剑，品味着胸中逐渐积聚的绝妙乐曲，直到他已经难以忍受。剑刃能量力场的熟悉低吟也汇入旋律，他发觉自己逐渐滑入那决斗者的致命舞蹈，他在几个世纪的征战杀伐中早已将那凶残的舞步臻至完美。

这场突袭有多少战士参加？想必是艾多伦麾下的大部分兵力。

卢修斯在人数上占有劣势，但这场战斗仅有的意义便是赢得光辉与荣耀。

一发坦克炮弹洞穿窗户，在天花板上爆炸，将碎石与烟尘倾泻在他们头上。

卢修斯看到爆矢弹火力从宫殿入口处投向敌阵——塔维兹在引诱艾多伦深入，而别无选择的艾多伦只能跟随他的节奏起舞。一阵美妙的巨响传来，兰德掠夺者的突击舱门纷纷轰然开启，卢修斯看到了坦克内舱中那些披挂盔甲的拥挤身影。

"上！"他大喊道，身后的突击小队应声启动跳跃背包，飞身扑入沙场。卢修斯也从教堂的窗户中一跃而出。纳希卡小队紧随其后，其余战士立刻发动冲锋。

战斗：战争的舞蹈。卢修斯明白，在艾多伦这样的对手面前，他没有时间闲庭漫步，必须压榨出最完美的战技表现。他的意识迅速转化，周围的一切突然变得无比清晰，每一种颜色都明亮夺目，每一个声音都轰响刺耳。

骤然爆发的恶战化作精心编排的一团混乱，卢修斯踏着决斗者的舞步径直切入敌阵。重火力从屋顶挥洒下来，兰德掠夺者扭转方向，将武器对准这批从教堂里发动冲锋的帝皇之子。

教堂外面的星际战士在同一时间展开攻势，艾多伦的部队顿时遭到两面夹击。

卢修斯躲过刀刃与子弹，手中长剑如毒蛇吐信般接连探出。艾多伦的部队措手不及。近旁一辆兰德掠夺者吐出大批敌人，奎蒙迪尔小队与之展开激烈交锋。卢修斯从他们身边舞过，心中搏动着狂野的欢愉，他就地翻滚避开一片爆矢弹雨，猛然起身将剑刃埋进一名敌军士官的躯体。

死亡自有它本身的意义，卢修斯可以用剑下亡魂彰显他的超群力量，但他还抱有更高的目标。他知道自己有何职责，他用扭曲怪异的敏锐感官搜寻着闪光金甲或飘扬旗帜，任何宣告着弗格瑞姆选民存在的迹象。

他看到了，不同寻常的黑边盔甲，面目严苛的骷髅头盔：牧师卡墨西安。

那位身穿黑甲的军官傲然矗立在一辆兰德掠夺者的顶部舱盖里，挥动手中附有鹰翼的权杖引导着战局走向。卢修斯面露癫狞笑穿过战场，前去与卡墨西安展开对决，他要在一场值得军团传颂的死斗中斩杀对方。

"卡墨西安！"卢修斯高喊道，他的声音就像是一首最为响亮的乐曲，"遗愿守护者！我是卢修斯，你昔日的兄弟，今天的死敌！"

卡墨西安的骷髅面具转向卢修斯，"我知道你是谁！"

牧师迈出舱盖，站在兰德掠夺者的装甲上，向卢修斯发出挑战。卡墨西安是战场指挥官，担任此等重任需要获得军团的尊敬，而这种尊敬只有在身先士卒的战斗中才能获取。

他必将是一个有价值的对手，但这并非卢修斯前来猎杀他的原因。

卢修斯纵身跃上兰德掠夺者的履带外壳和厚重装甲，直逼卡墨西安。爆矢弹四下横飞，但那无关紧要。

这是卢修斯脑海中唯一存在的战斗。

"我们教给了你太多傲慢。"卡墨西安说着，横扫手中的致命权杖，打算一击粉碎卢修斯的胸膛。卢修斯举剑挡开权杖，战斗的舞曲顿时转入一个崭新的急迫乐章。卡墨西安的战技在军团中名列前茅，但卢修斯已经为这样一场决斗苦练多年。

牧师的权杖势大力沉，难以正面招架，于是剑客在卡墨西安出击之时一次次用剑刃偏转对方的武器，诱使其投入更大的力量。

再久一点，再过一会儿，卢修斯就能找到机会。

卡墨西安的仇视令他倍感欢欣，那股恨意显得光辉而清新。

卢修斯放声大笑，他已经彻底看透了卡墨西安的进攻套路，对方每一次挥击背后的笨拙意图都暴露无遗。卡墨西安想要用一次无比强大的攻势解决卢修斯,但牧师在积蓄力量的时候将手中权杖抬得太高太久了。

卢修斯猛扑而上,剑刃划出一道高高的圆弧,斩断了牧师的双臂。那柄权杖翻滚坠落,卡墨西安在痛苦中厉声呼吼,他肘部以下的臂膀伴随武器一同躺在了地上。

他们身边的战事如火如荼,卢修斯让那震耳噪音与惨烈景象充斥自己高度亢奋的感官。他身处战场核心,这份胜利便是一切的关键。

"你知道我是谁,"卢修斯说道,"你最后的念头是失败。"

卡墨西安想要说些什么,但在他张口之前,卢修斯的长剑就化作一道弧光,让卡墨西安的头颅干净利落地离开了肩膀。

猩红鲜血喷洒在兰德掠夺者的金色装甲上。卢修斯探手抓住那颗飞在半空的头颅,高高举起,让整片战场都清晰目睹。

在他周围,数千名帝皇之子正在拼死搏杀,宫殿防御者的两面夹击让艾多伦的部队难以应付,被迫开始撤退。塔维兹带领战士们发动反击,艾多伦的攻势即刻化为乌有。

卢修斯大笑着遥望艾多伦的指挥坦克,那辆挂满胜利旗帜的兰德掠夺者翻过一堆碎石,脱离了战场。

忠诚派在这场战斗中取胜了,但卢修斯发现他根本不在乎。

他已经赢得了自己的战斗,卢修斯将卡墨西安的头颅从骷髅战盔里抽出来抛在一旁,心中很清楚如何才能确保那死亡之歌继续为他奏响。

战争歌者的教堂悄无声息。数百具崭新的尸首四下横陈,紫金两色的损毁战甲上覆满焦痕与裂纹,被染成猩红的大理石砖块间流淌着汨汨鲜血。帝皇之子的尸体旁边偶尔散落了一些焦黑的盔甲,后者属于最初突击圣歌城时牺牲的吞世者。

宫殿入口被交错的路障所堵塞,在近旁的一座拱顶里,忠诚派部队中仅存的几名药剂师正忙着照顾伤员。

塔维兹看到卢修斯在仔细擦拭长剑,并用剑锋在自己脸上刻下新的伤疤。一顶骷髅头盔静静躺在他身边。

"这真的有必要吗?"塔维兹问道。

卢修斯抬起头说:"我想要铭记杀死卡墨西安的那一刻。"

塔维兹知道他理应对剑客加以管束，斥责这种倍显野蛮而愚昧的行为，但此时此刻，面对种种背叛与死亡，这种细枝末节的担忧变得微不足道。

他弯腰坐在卢修斯身边的地面上，宫殿入口处的那场战斗让他四肢酸痛，盔甲也伤痕累累。

"行吧，"塔维兹用拇指示意敌人的方向，"我看到你击杀他了。那一剑挺漂亮。"

"挺漂亮？"卢修斯说道，"那可不只是漂亮，那是艺术。你从来都缺乏优雅品位，索尔，所以你不能欣赏那一剑的精妙也是正常的。"

卢修斯开口时面带微笑，但塔维兹在剑客的容貌间捕捉到了一闪而过的真切恼怒，那种傲气受挫的表情令人不安。

"还有动静吗？"塔维兹改变了话题。

"没有，"卢修斯说，"艾多伦在重整部队之前不会回来。"

"保持警惕，"塔维兹命令道，"我们如果松懈下来，就可能被艾多伦打个措手不及。"

"他不会突破我们的防线，"卢修斯承诺，"只要我在这里。"

"他不需要突破防线，"塔维兹说，他想确保卢修斯明白大家的真实处境。"他每次发动进攻，我们都要承受损失。如果他屡屡发动突袭并一击即脱，我们就会被逐渐蚕食，直到手中兵力不足以构建全面的防线。教堂的那次埋伏让他付出了惨痛代价，但他还是吃掉了太多我们的战士。"

"至少我们把他击退了。"卢修斯说。

"是的，"塔维兹同意道，"但只是血战险胜，所以我会再派一个小队来协助你。"

"也就是说你不信任我独自防守这个位置了，对不对？"

卢修斯声音中的怨毒让塔维兹倍感惊愕，"不，绝非如此。我只是想确保你有足够的战士来抵御下一波攻击。无论如何，我要去巡视西部防线了。"

"行，赶紧去指挥那些大场面吧，你才是英雄。"卢修斯厉声说。

"我们会胜利的。"塔维兹把手按在剑客的肩膀上。

"是的，"卢修斯说道，"我们总是会赢的。无论用什么方式。"

卢修斯看着塔维兹渐行渐远，对方自作主张抢走指挥权的行为令他怒火中烧。注定平步青云并达成伟大功绩的是卢修斯,不是塔维兹。他自己的光辉成就怎么会被索尔·塔维兹那单调乏味的领导能力所遮蔽?卢修斯在恶战熔炉中赢得的一切荣耀都被遗忘,这让他腹中的苦楚意味卷起一道令人窒息的浪潮。

他在筹划计谋的时候尝到了一瞬间的歉疚,然而一旦想起塔维兹那居高临下、颐指气使的模样,这份罪恶感便像阳光下的雪花般彻底消弭。

教堂寂静无声,卢修斯检视周围,确保自己孤身在此,随后他坐在一块突起的灰绿色石头上,捧着卡墨西安的头盔。

他凝视沾满血迹的头盔内部,找到一抹银色的亮光,接着伸手把那个小金属块扯了出来,这是卡墨西安头盔里的通信器。

他再次检查确定四下无人,随后对着通信器开口。

"艾多伦指挥官?"卢修斯说道,迟迟不来的回应让他越发沮丧。

"艾多伦,我是卢修斯,"他又说,"卡墨西安死了。"

在短暂的静电噪音之后,"卢修斯。"

他微笑着辨认出艾多伦的声音。作为帝皇之子高阶军官,卡墨西安与艾多伦保持着直接联络,而且正如卢修斯所盼,通信频道在那位牧师葬身之后依旧畅通。

"指挥官!"卢修斯带着笑意说,"听到你的声音真好。"

"我没兴趣忍受你的嘲讽,卢修斯,"艾多伦怒吼道,"你想必明白,我们早晚会把你们全都干掉。"

"是的,没错,"卢修斯表示同意,"但那需要相当长的时间。在宫殿陷落之前,很多帝皇之子都会送命。荷鲁斯之子与吞世者也是一样。泰拉上,谁能知道莫塔瑞恩的死亡守卫已经在那些壕沟里损失了多少。你们会为此大吃苦头,艾多伦。战帅麾下的所有部队都会大吃苦头。当其他军团抵达这里的时候,他或许已经在伊斯特凡Ⅲ折损了太多人手,再也无望取胜。"

"继续骗自己吧,卢修斯,或许这样能减轻你的痛苦。"

"不,指挥官,"他说道,"你误解我了。我是希望和你谈一笔交易。"

"交易?"艾多伦问,"什么交易?"

卢修斯微笑起来,绷紧了脸上的众多伤疤。"我可以把塔维兹还有领唱者宫殿拱手奉上。"

第十五章

不缺少奇迹
老朋友
完美的失败

战略室光线昏暗，众多闪烁屏幕像请愿者般团团包围战帅王座，寥寥数支摇曳火炬散发着檀香的气味，而这便是仅有的照明。在伊斯特凡Ⅲ战事爆发之后，战略室末端的墙壁就被拆除了，公然显露出与复仇之魂号舰桥毗邻的那座神殿。

战帅孤身独坐。在他为星球地表那场鏖战沉思筹谋的时候，谁也不敢贸然打扰。预期中的屠杀如今已升级为战争——这是一场他此时难以负担的战争。

虽然战帅早已向原体兄弟们夸下海口，但伊斯特凡Ⅲ的战局实际上令他忧心忡忡。这并非因为麾下的部队有可能战败，而是因为他们居然被拖在了这片战场上。他本以为病毒炸弹的轰击能够一举剿灭那些怀有异心之人，让他可以放手开展一场宏伟战役，将高居于泰拉黄金王座之上的帝皇彻底推翻。

然而，这完美无缺的计划却出现了一道道裂纹。

帝皇之子的索尔·塔维兹向地面部队送去了警告……

还有艾森斯坦号……

荷鲁斯还记得马罗格斯特前来汇报几名记述者行踪时身上所散发的恐惧，侍从担心战帅震怒之下会为他的生命画上句号。

当时马罗格斯特跛着脚走近王座，低垂下戴着兜帽的头颅。

"马罗格斯特，什么事？"荷鲁斯质问。

"他们逃脱了，"马罗格斯特说，"辛德曼、欧丽顿还有奇勒。"

"什么意思？"

"他们不在接见厅的死者之中，"马罗格斯特作出解释，"我亲自检查了每一具尸体。"

"你说他们逃脱了？"战帅最终问道，"这似乎意味着你知道他们去了哪里，是吗？"

"我想是的，大人，"马罗格斯特点点头，"他们显然乘坐一架雷鹰前往了艾森斯坦号。"

"他们偷走了一架雷鹰，"荷鲁斯重复道，"我们有必要检查一下针对这些新式飞行器的安保措施了。先是索尔·塔维兹，现在又是这些记述者，显然不管是谁都能随便弄走一艘我们的炮艇。"

"他们并非自行偷走雷鹰的，"马罗格斯特解释道，"他们得到了帮助。"

"帮助？谁的帮助？"

"我相信是亚克顿·克鲁兹。那里发生过一场搏斗，马迦德死了。"

"亚克顿·克鲁兹？"荷鲁斯冷笑道，"我们见识过不少奇迹，但这恐怕是最为惊人的一个。'耳旁风'突然有了良心。"

"这是我的失误，战帅。"

"这不是失误的问题，马罗格斯特！这样的问题根本不该出现。我已经被迫将越来越多的精力从战场上分散出来。告诉我，艾森斯坦号何在？"

"它尝试冲破封锁网，驶向星系的跃迁点。"

"你说'尝试'，"荷鲁斯指出，"它没有成功脱身？"

马罗格斯特作答之前迟疑了一下，"我们的数艘战舰对艾森斯坦号进行了拦截，将其重创。"

"但并未击毁？"

"没有，大人，艾森斯坦号的指挥官发动紧急跃迁进入了亚空间，但那艘战舰受损严重，我们并不认为它还能熬过如此凶险的情况。"

"如果它熬过去了，那么我全盘计划的时间表都会遭到干扰。"

"亚空间现在昏暗无光，战帅。他们不太可能——"

"切勿盲目自信，马罗格斯特，"荷鲁斯警告道，"伊斯特凡V的行动阶段对于我们迈向胜利是至关重要的，如果艾森斯坦号将我们的计划告知泰拉，一切都可能功败垂成。"

"战帅，或许我们可以撤出圣歌城，封锁整个星球，确保伊斯特凡V的行动阶段按原计划展开。"

"我是战帅，我从不在战场上退却！"荷鲁斯吼道，"我们要在圣歌城中达到的目标是你无法理解的。"

荷鲁斯王座扶手内置的通信器发出鸣响,打断了他们的谈话。

"我是战帅。"

安装在地板里的全息台投射出宽阔的方形平面,一个影像悬浮在战帅头顶。艾多伦总司令的面孔逐渐聚焦,显然是坐在他的兰德掠夺者指挥车中。远方爆炸的轰响在静电杂音中回荡。

"战帅,"艾多伦说道,"有个新的消息你理应知晓。"

"说吧,"荷鲁斯回答,"最好是好消息。"

"喔,的确很好,大人。"艾多伦说。

"那就不要拖延,艾多伦,"荷鲁斯警告道,"快讲!"

"我们在宫殿内部有个盟友。"

"盟友?谁?"

"卢修斯。"

战斗的尾声是最糟的部分。

所有阿斯塔特战士都早已习惯了恶战临头的紧绷气氛,甚至习惯了战斗本身的轰鸣与苦痛。但每当洛肯目睹战火停歇后的惨烈场面时,总会最为期盼一个不存在战争的年代。他并不像凡人那样体会恐惧或绝望,但他和凡人一样感受着哀伤和罪恶。

安格隆方才的这场进攻是至今为止最猛烈的一次,那位原体本人一马当先,碾过宫殿拱顶的废墟向洛肯的防线冲来。数千名血迹斑斑的吞世者紧随其后,而此刻很多敌军战士都还躺在他们阵亡的位置。

这个地方曾经是宫殿的组成部分,是一座拥有凉棚与景观湖的精致花园,开放式屋顶任由阳光沐浴。而现在这里已经化作一片断壁残垣,屋顶彻底坍塌,只有损毁石柱与断裂桥梁还勉强体现着昔日的雍容华贵。

吞世者的尸体集中在前部路障附近,那是影月苍狼用碎石和金属堆砌而成的工事。安格隆全力进攻那里,托迦顿则主动放弃阵地,在吞世者付出惨烈代价之后率部后撤,转移到宫殿中央的拱顶入口处驻防。这个计策奏效了,等到吞世者冲向洛肯的防线时,他们的势头已受重挫。塔维兹布置在高处的火力点夺走了很多条性命,因此在洛肯最终拔剑出鞘之际,吞世者的作战动力就只剩下惯性而已——胜利已经遥不可及。

　　影月苍狼和吞世者的尸体混杂在一起，那些战士都是洛肯熟识多年的。虽然战场轰鸣已经消散，洛肯却仿佛依旧能听到激战的回响，链锯剑在盔甲上撕咬，爆矢弹在空气中奔窜。

　　"够险的，加维尔，"他身后的一个声音说道，"但我们打赢了。"

　　洛肯转过头看到索尔·塔维兹从中央拱顶走出来。洛肯微笑着看到这位朋友兼战友已经今非昔比，他从谋杀星球那场苦战中的普通军官摇身一变，成了荷鲁斯背叛之下众多幸存者的领袖。

　　"安格隆会回来的。"洛肯说。

　　"但是他们的把戏失败了。"塔维兹说。

　　"他们不需要突破我们的防线，索尔，"洛肯说道，"荷鲁斯会把我们拖垮，直到我们无力再战。到时候艾多伦和安格隆就能直接从我们身上碾过去。"

　　"也不要忘记荷鲁斯之子。"塔维兹说。

　　洛肯耸耸肩，"他们现在还没必要行动。艾多伦渴望荣耀，吞世者渴望鲜血。战帅愿意让其他军团来消耗我们，之后再派嫡系部队出击。"

　　"情况变了。"塔维兹说。

　　"什么意思？"

　　"我刚刚从卢修斯那里得到消息，"塔维兹解释道，"他告诉我，他的特种兵破解了荷鲁斯之子的通信。你的一些老朋友将要离开复仇之魂号，前来指挥作战。"

　　凝望战场的洛肯转过身，突然产生了兴趣，"谁？"

　　"艾泽凯尔·阿巴顿与荷鲁斯·阿西曼德，"塔维兹说，"显然他们负责让这座城市品尝战帅本人的怒火。我相信，荷鲁斯之子很快就会出手了。"

　　阿巴顿与阿西曼德，两个叛徒首脑，曾经让洛肯仰慕多年的战士，四王议会的核心。他们是荷鲁斯的左膀右臂，种种可能性顿时在洛肯脑海中闪现。如果能除掉最后两位四王议会成员，那么军团核心必将遭受重创，在失去了支柱与榜样后逐渐消沉崩溃。

　　"索尔，你确定吗？"洛肯急迫地问道。

　　"我尽可能确认了消息，而且卢修斯显然很是兴奋。"

　　"拦截到的情报里是否包括他们的登陆位置？"洛肯问道。

　　"是的，"塔维兹微笑着说，"马卡拉大殿，就在宫墙之外。那是一座大型神殿，它的尖顶是三叉戟形状的。"

"我得去找塔瑞克。"

"他和耐罗·维帕斯在一起，帮助瓦顿护理伤员。"

"谢谢你带给我这个消息，索尔，"洛肯残酷地笑道，"这改变了一切。"

卢修斯从弹痕斑驳的柱子后面探出头，扫视面前的黑暗废墟，这是散布在宫殿残骸里的无数战场之一。尸体、爆矢枪和链锯斧静静躺在破碎的地砖上无人问津，其中很多死者还都保持着搏命拼杀的姿态。

对于卢修斯而言，找机会溜出宫殿并不困难。最大的危险其实是战帅的部队在废墟周围部署的狙击手。卢修斯有数次都在损毁建筑中察觉到了动静，并立刻躲进弹坑里或尸堆背后寻找掩蔽。

像动物一样在污秽与黑暗中匍匐前行——这是莫大的侮辱，不过战场上的景象、声音以及气味充斥着卢修斯的感官，让他高度兴奋。他谨慎地踏入庭院，周围随处可见的尸体惨不忍睹，死者往往被链锯剑砍成碎块，或是被拳头活活打死。

这无疑是一个丑恶场面，但他颇为享受身边浓烈厚重的死亡意味。

"毫无艺术感。"他自言自语道，此时一个披挂紫金盔甲的身影从阴影中浮现。二十名战士紧随其后，卢修斯微笑着辨认出艾多伦总司令。

"总司令，"卢修斯说道，"再次站在你面前让我万分荣幸。"

"收起你该死的花言巧语，"艾多伦厉声说，"你是个双重的叛徒。"

"或许是吧，"卢修斯说着，靠在一根倒塌的黑色大理石柱上，"但我是来让你得偿所愿的。"

"哈！"艾多伦嘲笑道，"你能给我们什么，叛徒？"

"胜利。"卢修斯说。

"胜利？"艾多伦笑着说，"你以为我们需要你的帮助来夺取胜利？我们已经把你们捏在手心了！你们会一个一个死去，胜利则会属于我们！"

"你打算折损多少战士来夺取胜利呢？"卢修斯反驳道，"你打算把多少位弗格瑞姆的选民扔进一场本不该发生的战争？你可以在此时此地了结这一切，保存所有阿斯塔特兵力去迎接真正的战斗！你很清楚，当帝皇对荷鲁斯的叛乱作出回应时，你会需要每一位战斗兄弟。"

"如此无价的帮助要得到什么回报？"艾多伦问。

"很简单，"卢修斯说，"我要重新加入军团。"

艾多伦大笑起来，卢修斯感觉到死亡之歌在体内涌升激荡，但他强行将那杀戮的音律压在心灵深处。

"你是认真的吗，卢修斯？"艾多伦质问道，"你凭什么认为我们想要你回来？"

"你需要我这样的人，艾多伦。我要成为军团的一分子，让我的技巧和野心得到尊重。我可不会像塔维兹那个贱骨头一样满足于上尉军衔。我要站在弗格瑞姆身边，那是我应得的位置。"

"塔维兹，"艾多伦厉声说，"他还活着吗？"

"还活着，"卢修斯点点头，"不过我很乐意替你杀了他。这场战争的荣耀本应属于我，而他却对我们颐指气使，仿佛自己是一位选民。"

卢修斯感到胸中的苦楚开始沸腾，于是努力维持镇定，"他曾经愿意和手下的战士一起埋头前进，让更高等的人去赢得荣耀，但他恰巧选择了这场战争来发掘自己的野心。若不是因为塔维兹，我根本不会被派下来。"

"你要求我给予你极大的信任，卢修斯。"艾多伦说。

"是的，但考虑一下我能给予你什么：宫殿，还有塔维兹。"

"这些无论如何都是我们的。"

"我们是一个骄傲的军团，总司令，但我们绝不会为了赢得争论而白白葬送兄弟。"

"我们事事遵从战帅的命令。"艾多伦谨慎地说。

"当然，"卢修斯回答，"但如果我可以交给你一场无比迅猛的胜利，让你独占所有荣耀呢？吞世者与荷鲁斯之子都会望尘莫及。"

卢修斯看得出来，艾多伦已经上钩，他不禁忍住微笑。现在他要做的就只是收线了。

"讲吧。"艾多伦命令道。

"我要和你一起去，加维，"耐罗·维帕斯走进了整个宫殿中唯——座尚未毁于战火的拱顶。昔日这是一座拥有宽阔舞台与镶金座椅的华贵剧院，那创世之乐曾在此处为圣歌城的精英们奏响，如今它已经变得破败而昏暗。

洛肯从备战冥想中醒转过来，看到维帕斯站在面前，于是说道："我知道你想一起去，但这件事我和塔瑞克必须独自完成。"

"独自完成？"维帕斯说：："这简直是疯了。艾泽凯尔和小荷鲁斯是军团历史上最强大的战士。你们不能独自和他们对抗。"

洛肯按住老友的肩膀说，"无论我和塔瑞克在不在这里，宫殿都会陷落。索尔·塔维兹让我们活了这么久，已经是超乎想象的成就，但最终宫殿必定会陷落。"

"那么你们舍命猎杀艾泽凯尔和小荷鲁斯又有什么意义？"维帕斯质问道。

"我们在伊斯特凡Ⅲ只有一个目标，耐罗，那就是让战帅吃些苦头。如果我们能杀死最后两个四王议会成员，那么战帅的图谋就会受挫。其他的一切都没有意义。"

"你说过我们要死守这里，拖住那些叛徒，等待帝皇派遣其他军团来拯救我们。这是假话吗？我们孤立无援吗？"

洛肯摇摇头，取回立在墙边的剑，"我不知道，耐罗。或许帝皇已经派遣了其他军团前来营救，或许还没有，但我们必须假设自己孤立无援。我不能单纯用盲目的希望来支撑自己。我要背水一战。"

"我也打算这样，"维帕斯说，"我要和朋友并肩作战。"

"不，你需要留在这里，"洛肯说，"你的背水一战是在这里。你拖住那些叛徒的每一分钟都让帝皇有更多时间令荷鲁斯伏法。而我的这场猎杀是四王议会的内部事务，耐罗，你明白吗？"

"坦白地讲，不明白，"耐罗说，"但我会听你的，留在这里。"

洛肯微笑起来，"先别为我哀悼，耐罗。塔瑞克和我尚可取胜。"

"你们最好取胜，"维帕斯说，"影月苍狼需要你们。"

耐罗的话让洛肯倍感谦卑，他紧紧拥抱老友。洛肯企盼自己能告诉对方，希望依旧存在，他也会活着完成任务。

"加维尔。"一个熟悉的声音从拱顶入口传来。

兄弟相拥的洛肯和耐罗松开对方，转头看到了索尔·塔维兹，剧院入口处的微光将那位帝皇之子化作剪影。

"索尔。"洛肯说。

"时机已到，"塔维兹说，"我们准备好发动佯攻掩护你们了。"

洛肯点点头，微笑面对两位英勇战士，他愿意为之出生入死，百战无悔。

两人将他当作朋友,这份莫大荣誉为洛肯胸中注入一股暖流。

"洛肯连长,"塔维兹正式地说道,"这或许是你我最后一次见面。"

"在这个问题上,"洛肯回答,"我不认为还有什么'或许'可言。"

"那么,我祝你一切顺利,加维尔。"

"一切顺利,索尔,"洛肯说着向塔维兹伸出手,"为了帝皇。"

"为了帝皇。"塔维兹响应道。

与战友告别后,洛肯走出剧院,留下塔维兹和维帕斯组建防线,对抗新一波敌军攻势。

仅存的战术地图标志着马卡拉大殿位于他们所处阵地的北方,洛肯走向先前选取的最佳出击地点,准备离开宫殿,并发现托迦顿正等着自己。

"你看到维帕斯了?"托迦顿问。

"是的,"洛肯点点头,"他想和我们一起来。"

托迦顿摇摇头,"这是四王议会的内部事务。"

"我就是这样和他说的。"

两位战士深吸一口气,他们再次体会到自己将要作出的尝试具有何等重大的意义。

"准备好了?"洛肯问。

"没有,"托迦顿说,"你呢?"

"没有。"

托迦顿轻笑一声,转身走向离开宫殿的那条通道。

"咱俩可真是一对。"他说道,洛肯跟着兄弟踏入一片黑暗。

无论结果如何,伊斯特凡Ⅲ最后的战役已经降临。

"你胆敢徒劳无功地回来见我?"荷鲁斯咆哮道,复仇之魂号的舰桥在他的暴怒中颤抖不已。眼前这个英武俊美的身影让他怒容满面,战帅几乎难以估量这重大挫折的深远影响。

"你究竟是否明白我在筹谋什么?"荷鲁斯怒吼着说,"我在伊斯特凡Ⅲ启动的计划志在吞没整个银河,如果整项事业刚刚展开就暴露缺陷,那么帝皇必将击溃我们!"

弗格瑞姆似乎并不畏惧战帅的怒火,这位兄弟流露出漫不经心的神色,与帝皇之子原体的本性显得格格不入。纵然刚刚乘坐旗舰帝皇之傲号抵达，弗格瑞姆的光辉外表毫无风尘仆仆之意。

他的精美盔甲是一件紫金两色的艺术品，缀有很多新近添加的装饰和珠宝，一袭带有皮毛镶边的宽大披风笼罩着他的身体。荷鲁斯越发认为，弗格瑞姆看起来像个放荡不羁的公子哥，而不是纵横沙场的战士。这位兄弟将白发结成精细的长辫，他的苍白面颊上有一些像是刺青的印记。

"费鲁斯·曼努斯是个不愿讲道理的迟钝蠢货，"弗格瑞姆说，"即便在我提到了机械神教对我们的效忠之后，他还是没有——"

"你对我发誓能够劝诱他！钢铁之手对于我的计划至关重要。你承诺会让费鲁斯·曼努斯加入我们，而我据此策划了伊斯特凡Ⅲ的行动。现在我却发现又多了一个需要对付的敌人。我们的很多阿斯塔特都会因此丧命，弗格瑞姆。"

"你要让我怎样做，战帅？"弗格瑞姆微笑道，荷鲁斯不明白这种狡黠嘲弄的语调究竟从何而来，"他的意志比我预料的更坚定。"

"或是你单纯高估了自己的能力。"

"你宁愿让我杀死我们的兄弟吗，战帅？"弗格瑞姆问。

"或许是的，"荷鲁斯毫不动摇地回答，"那总要好过放任他自由行动，随意破坏我们的计划。现在他可以联络帝皇或其他原体，集结大军，抢在我们做好准备之前率先发难。"

"那么你若是没有其他话要说，我就返回我的军团了。"弗格瑞姆说着便转身离开。

弗格瑞姆那令人恼火的语调让荷鲁斯怒气高涨，他说道："不，你还不能回去。我有另一件任务要交给你。我要派你到伊斯特凡Ⅴ去。根据目前的事态发展，帝皇的回应很可能会比我们预料中更为迅猛，我们必须有所准备。带上一支帝皇之子部队，前往那个星球的异形堡垒，着手准备伊斯特凡星系行动的最终阶段。"

弗格瑞姆面露厌恶，"你要让我屈尊担任一个守卫，一个平淡无聊的管家，为你宏大的入场做铺垫？为什么不派佩图拉波去？这种工作更适合他的口味。"

"佩图拉波有他自己的角色要扮演，"荷鲁斯说，"就在此刻，他正准备以我的名义将家园付之一炬。我们那位阴郁苦涩的兄弟很快就会传来更多消息。你放心好了。"

"那就把这份工作交给莫塔瑞恩。他手下那些污秽的小兵想必乐得有这个机会为你干脏活！"弗格瑞姆厉声说，"在帝皇依旧值得我们效忠的年代里，我的军团是他的选民。我是他麾下最光辉的英雄，我也是这个崭新远征的左膀右臂。这……这简直背叛了我当初选择加入你的根本缘由，荷鲁斯！"

"背叛？"荷鲁斯说道，他的嗓音低沉而危险，"这是个意义深重的词语，弗格瑞姆。在帝皇为了登神而抛弃整个银河，将伟大远征的凯旋成果交给官僚与小人时，强加在我们身上的正是背叛。现在，你站在我旗舰的舰桥里，要当面向我作出同样的控诉吗？"

弗格瑞姆后退了一步，他的怒火逐渐消退，但他的双眼被这场对峙引发的亢奋所点亮，"或许是的，荷鲁斯。或许当你的宝贝四王议会不复存在之后，该有人对你讲一些逆耳忠言。"

"那把剑，"荷鲁斯指着弗格瑞姆腰间那柄闪动凶光的武器说，"我将那把剑交给了你，标志着我对你的深厚信任，弗格瑞姆。只有你我明白它所蕴含的真正力量。那把武器险些断送了我的性命，而我把它拱手送出。你觉得我会把这样一柄武器送给某个我不能绝对信任的人吗？"

"不会，战帅。"弗格瑞姆回答。

"没错。伊斯特凡V行动阶段在我的计划中至关重要，"荷鲁斯说道，他煽动着弗格瑞姆心中傲气的危险火花，"远比我们脚下的战事更加重要。我不能将其托付给其他任何一个人。你必须前往伊斯特凡V，我的兄弟。一切都仰仗它的成功。"

在一段令人恐慌的漫长瞬间里，荷鲁斯与帝皇之子原体间的紧张情绪如同一股奔窜涌动的凶暴电流。

弗格瑞姆最终笑着说："现在你开始奉承我了，想借助我的傲气来诱使我服从你的命令。"

"这管用吗？"荷鲁斯问道，那紧张感逐渐退去。

"是的，"弗格瑞姆承认，"好吧，就如战帅所愿。我会去伊斯特凡V。"

"艾多伦将继续指挥帝皇之子，直到我们在伊斯特凡V与你会合。"荷鲁斯说，弗格瑞姆点点头。

"他会享受这个机会，继续证明自己。"弗格瑞姆说。

"退下吧，弗格瑞姆，"荷鲁斯说，"你还有事情要做。"

第十六章

内鬼

八重之道

荣誉必偿

药剂师瓦顿正在努力拯救卡斯托的性命。他剥离了那位战士上半身的盔甲，此人的裸露躯干被一个鲜血淋漓的巨大伤口严重摧残，零乱的皮肤和肌肉像猩红花瓣一样绽放开来，这是爆矢弹的杰作。

"用力压！"瓦顿说道，他迅速调整纳瑟希姆护手的设置参数。手术刀和注射器轮换启动，为瓦顿担任临时助手的玛瑟里顿兄弟正在按压那可怕的伤口，这位帝皇之子阿斯塔特在早期战斗中丢掉了一只手掌。卡斯托抽搐不已，紧咬牙关，奋力抵挡着足以杀死任何非阿斯塔特人类的巨大痛苦。

瓦顿选中一个注射器，刺进卡斯托的脖颈。护手上的药剂瓶被抽空，将兴奋剂注入卡斯托体内，让他的心脏继续泵血，绕开那些破碎的内脏器官。卡斯托剧烈颤抖起来，险些将针管折断。

"按住他。"瓦顿厉声说。

"是的，"某个声音从他们身后传来。"按住他。让我能更轻松地了结他。"

瓦顿猛然抬起头，看到一个身披帝皇之子总司令铠甲的战士。对方手持一柄凶恶战锤，巨型锤头上跃动着紫色的能量弧。在那位战士身后，还有二十多名披挂着紫金两色华丽装备的帝皇之子，他们的盔甲光洁锃亮。

他瞬间意识到这些绝非忠诚派战士，自己在劫难逃。果然，一只冰冷的魔掌攫住了他的胸膛。

"你是谁？"瓦顿质问道，纵然他早已知道了答案。

"我是你的末日，叛徒！"艾多伦说着挥动战锤，一击粉碎了瓦顿的头颅。

数百名帝皇之子乘着一道充满烈焰与鲜血的浪潮从东面涌入宫殿。他们首先扑向伤者，艾多伦亲手将一个个正在等待瓦顿治疗的伤员屠杀，他尤其享受处决那些忠诚的帝皇之子。他麾下战团的战士们跟随他席卷宫殿，防御者惊恐地发现侧翼阵地毫无征兆地突然沦陷了，越来越多的叛徒正在突入宫殿。

最后的战斗很快打响。忠诚派战士们背离防线，转身迎击帝皇之子。突击小队的跳跃背包推动他们跃过拱顶废墟从天而降，扎进艾多伦的奇袭部队之间。部署在残破城墙上的重武器小队与侦察兵狙击手向敌人开火，隔着化作瓦砾的拱顶相互泼洒凶猛火力。

这场蔓延到领唱者宫殿核心地带的战斗已经毫无阵型或局势可言。秩序彻底崩溃，每一位阿斯塔特都孤身奋战，独力抗击层层包围的死敌。帝皇之子的喷气摩托在宫殿外部尖啸着掠过，在拱顶周围狂乱地盘旋，向下方陷入苦战的阿斯塔特倾泻枪弹。

无畏机甲用强悍铁拳抓起巨大的建筑碎块，抛向那些坚守路障的忠诚派战士，就在不久之前这里还是一片夺走了众多叛徒性命的杀戮场。

一切都化作了疯狂、恐怖与毁灭的旋风，艾多伦则站在风暴中心，挥动战锤杀死任何胆敢靠近的对手，率领他的完美战士们向防线纵深位置挺进。

面对圣歌城锈蚀破败的工业高塔，卢克·赛迪瑞的金色长发与讥讽微笑显得格格不入。在他身边，第七连连长塔苟斯特则更为自然，此人的深暗皮肤与厚重毛皮斗篷十分契合一个惨遭谋杀的世界。

赛迪瑞站在一台锈迹斑斑的倒塌机械上，面对数千名整装待发的荷鲁斯之子。他们的胸甲上刚刚涂抹了战争油彩，一面面代表战士结社的崭新旗帜在风中飘扬。

"荷鲁斯之子！"赛迪瑞高声呼吼，他的嗓音中洋溢着与生俱来的强大自信，"我们一直坐等兄弟军团为我们扫清道路，打破门户，助我们将那些心怀异念和意志薄弱之人斩尽杀绝！这个时刻终于来到了！艾多伦总司令已经突破防线，是时候让其他军团看看荷鲁斯之子如何战斗了！"

战士们放声欢呼，高高举起结社旗帜，上面描绘着结社理念背后的若干信仰支柱。从天而降的黄铜利爪将星球攫入魔掌，一枚黑星向大群敌人放射出八道死亡光束，还有双头双翼的华丽怪物傲然矗立在如山尸堆顶端。

能够窥探亚空间的戴文祭司们用言语绘制了这些来自异界的图景，它们昭示着荷鲁斯之子效忠于那些与战帅结盟的力量。

"敌人已经手足无措，"赛迪瑞的声音盖过战士们的欢呼，"我们要发动猛攻，将他们扫荡干净。你们都知道自己有何职责，荷鲁斯之子，你们都知道自己追随着怎样的道路来到了此时此刻。在这里，我们要抹除那陈旧远征的最后一丝残留痕迹，迈向崭新的未来！"

赛迪瑞的强烈自信极具感染力，他知道战士们已经蓄势待发。

塔苟斯特走上前来，举起双手。他身负结社领袖的职责，深谙戴文教派的秘密，既是指挥官又是圣徒。他开口念诵出一串粗蛮音节，那含混而黑暗的戴文语言汇作一句祈求胜利与鲜血的祷告。

荷鲁斯之子回应着塔苟斯特的祷言，他们的声音凝聚成无情无休的吟诵，在圣歌城的死寂高塔间回荡。

完成祷告之后，荷鲁斯之子迈入战场。

枪林弹雨在塔维兹身边咆哮奔窜。帝皇之子终结者们用凶猛的火力一遍遍犁过中央拱顶，惨烈白刃战的声响从残破画廊中传来。爆矢弹在塔维兹脚边溅起碎裂砖石，他匆忙低身躲避，滑入一道掩体背后，靠在纳希卡小队的索拉森兄弟身边。

索拉森与大约三十名忠诚派帝皇之子被压制在一根巨大的倾倒石柱后面，还有几个影月苍狼与他们同行。

"以帝皇之名，这是怎么回事？"塔维兹喊道，"他们是怎么进来的？"

"我不知道，长官，"索拉森回答，"他们是从东边突入的。"

"总该有预警，"塔维兹说，"那是卢修斯的防区。你见到他了吗？"

"卢修斯？"索拉森问，"没有，他肯定是死了。"

塔维兹摇摇头，"我看不会。我得找到他。"

"我们守不住这里，"索拉森说，"我们必须后撤，没法等到你回来。"

塔维兹点点头，但他明白自己必须尽力寻找卢修斯，即便只是为对方收尸。他觉得卢修斯或许永远都不会真的死掉，然而他也很清楚，一切都有可能。

"好吧，"塔维兹说，"动身。向内区拱顶或神殿有序撤退，那里还有一些路障。出发！别等我！"

他从石柱后面探出头，用爆矢枪朝拱顶远端开火，将一串子弹送向追随艾多伦的大批帝皇之子。更多掩护火力从塔维兹麾下战士的枪口中喷吐出去，忠诚派开始以小队为单位后撤。

将塔维兹与下一步目标隔开的拱顶地面上尸首横陈，其中一些已经是无从辨认的破碎血肉。等到战士们和敌人拉开了距离之后，他猛地冲出掩体。

爆矢弹撕裂了他脚边的地砖，塔维兹翻身冲到另一根坍塌石柱后面，借助掩护尽可能快地匍匐前进，之后他将绕过这座廊柱林立的拱顶，前往领唱者宫殿东翼厅堂。

卢修斯就在那片废墟里，塔维兹要找到他。

洛肯低身躲闪，扑倒在地，滑过广场上被战火熏黑的石砖。他翻转身躯向最近处的吞世者开火，那高大宫殿在他的视野里飞旋。一发子弹命中敌人腿部，那个战士怒吼着伏地不起。托迦顿猛扑上去，将剑刃捅进那叛徒的后背。

洛肯爬起来，更为密集的枪弹从广场另一端袭来。他试图锁定敌军的位置，但在这堆积如山的死者、星罗棋布的弹坑以及交错纵横的散落石板之间，这项工作纯属徒劳。

一侧是陷入混乱的宫殿，另一侧是漆黑破败的城市，这片广场上塞满了吞世者，他们正埋头涌向帝皇之子所撕开的防线缺口。

"这里恐怕有一整支小队，"托迦顿说着把剑从吞世者躯体里拔了出来，"我们被包围了。"

"那么我们就继续冲出去。"洛肯说。

重新挺直身躯之后，他给爆矢枪安上了新的弹夹，两人匆匆穿过废墟和尸堆，时刻警觉地扫视黑暗角落，提防任何动静。托迦顿紧跟在洛肯身后，他的爆矢枪在大块的砖瓦与碎石间往复扫动。枪弹从他们周围掠过，宫殿方向传来的恶战声响越发恐怖，战吼与爆炸撕裂了这个狂暴的夜晚。

"卧倒！"托迦顿大喊，一团等离子从黑暗中袭来。洛肯猛扑在地，那炽热的能量弹从他头顶扫过，烧穿了背后的坍塌石板。一个幽暗身影紧接而来，洛肯依稀瞥见利刃的寒光，于是本能地举起爆矢枪抵挡攻势。他能感觉到链锯利齿恶狠狠地啃咬着金属枪身，于是抬起腿踢向袭击者的胯部。

那个吞世者轻松扭身避开了洛肯的反击，转过头用链锯斧的手柄将托迦顿敲翻在地。但托迦顿的攻势为洛肯提供了一个喘息之机，他立刻翻身站起，抛下损坏的爆矢枪，抽出兵刃。

托迦顿与另一个吞世者扭打在地，但洛肯此刻难以施加援手，因为他发现自己即将对阵的敌人是一位连长，并且绝非平庸之辈，而是吞世者中的翘楚。

"卡恩！"洛肯对那位战士说道。

卡恩暂停了攻势，洛肯在须臾之间看到了昔日曾在征服展厅里与之交谈的高贵战士，然而那副面容随即被扭曲的狂怒重新淹没。

但这一秒已经足以让洛肯避开对手的攻击，闪到一面扎在弹坑边缘的破碎石墙背后。子弹依旧破空而来，托迦顿在他的视野之外陷入苦战，但洛肯目前无暇旁顾。

"发生了什么，卡恩？"洛肯呼喊道，"他们把你变成了什么？"

卡恩尖声呼吼，发出一串模糊不清的狂怒嚎叫，高举战斧向他一跃而来。洛肯站稳脚跟，举剑招架卡恩袭来的斧刃，两个战士顿时锁在了一场较量蛮力的殊死对峙中。

"卡恩……"洛肯从牙缝里挤出几个字，吞世者将咆哮飞旋的锯齿奋力压向他的面孔。"这不是我认识的那个人！你究竟变成了什么？"

当两人的目光交汇时，洛肯目睹了卡恩的灵魂，顿时倍感绝望。他看到了那个与自己一样立下兄弟誓言并投身伟大远征的战士，那个曾经目睹伟大远征中诸般恐怖可悲之事和光辉美好之物的战士。他也看到了用无尽杀戮与来日背叛淹没这一切的那股黑暗疯狂。

"我是八重之道。"卡恩厉声说，每一个字都裹着血沫。

"不！"洛肯大喊着将那吞世者推开，"我们不必如此。"

"我们必须如此，"卡恩说。"偏离此道之外再无他路。我们必须走下去。"

人性从卡恩脸上尽数抹消，洛肯知道面前的吞世者已经无可救药，这场战斗只能以死亡告终。

洛肯步步退却，招架住令人眼花缭乱的攻击，最终被迫靠在一块巨石上。对手的链锯斧不慎嵌进他身边的石头里，洛肯立刻将剑柄砸在卡恩头上。但卡恩经受住了这一击，反而用前额猛撞洛肯的面孔，然后握住他持剑的手臂，将洛肯拧翻在地。

他们像动物一样在淤泥中扭打，卡恩试图把洛肯的脑袋碾进碎石里，洛肯则努力将对方甩开。地震般的引擎轰鸣声突然传来，明亮灼目的探照灯光刺穿夜幕，将卡恩的身躯化作剪影，洛肯顿时翻身躺倒在地。

洛肯明白这是什么迹象，他用拳头一次次猛击卡恩的脸，伸手掐住对方的脖颈，迫使敌人挺直身躯。吞世者奋力挣脱洛肯的铁腕，而探照灯光则逐渐变强，一辆隆隆咆哮的兰德掠夺者骤然翻过两人身后的碎石山脊，仿佛是一头冲出深渊的巨型海兽。

兰德掠夺者的推土铲撞上卡恩时产生了猛烈的冲击，那些锐利铲齿狠狠捅穿了吞世者的胸膛。洛肯松开卡恩，翻身趴在弹坑边缘，兰德掠夺者则高高抬起车头，带着徒劳挣扎的卡恩继续前行。那强悍的坦克落回地面，洛肯将身体紧贴泥土，努力避开上方的金属巨兽，那轰鸣的引擎在他几寸之外扫过。

兰德掠夺者低声咆哮着渐行渐远，被刺穿在车头上的吞世者像是一份血腥的战利品。大批坦克在洛肯身边经过，厚重装甲上的荷鲁斯之眼徽记怒视前方，洛肯顿时辨认出这些战车的涂装。

荷鲁斯之子。

洛肯麻木地凝视这支部队朝宫殿进发。他们带着炮口的火光扑向猎物。

一只手探下来抓住洛肯，将遍体鳞伤、鲜血淋漓的他拖进掩体里，躲开坦克的枪弹。他抬起头看到托迦顿，与吞世者的遭遇让对方同样伤痕累累。

托迦顿朝兰德掠夺者的方向示意，"那是——"

"卡恩，"洛肯点头回应道，"他不在了。"

"死了？"

"或许吧，我不知道。"

托迦顿抬起头，看着刺向宫殿的荷鲁斯之子矛头部队，"我猜现在就算是塔维兹也不太容易守住宫殿了。"

"那么我们就要抓紧时间。"

"没错。我们要低调些，别再惹麻烦了，"托迦顿说道，"除了阿巴顿和小荷鲁斯本身还算不上什么挑战。"

"索尔会让他们为每一寸废墟付出代价的。"洛肯说着，痛苦地挺直身躯。卡恩给他留下了很多伤痕，但还不至于无法战斗，"为了他，我们得做点什么。"

两位老友重新在废墟与碎石间穿行，向马卡拉大殿进发。

那里有着在伊斯特凡Ⅲ上取得些许胜利的最后机会。

战斗的声音在四面八方回响不已，塔维兹藏身于阴影之中，小心谨慎地穿过宫殿东翼的废墟。一支支帝皇之子小队席卷宫殿庭院，扫荡破损拱顶，用枪弹将厅堂洞穿，这尖刀般的突袭攻势深深埋进了防御阵线的心脏。

塔维兹一次又一次地辨认出诸多小队的标志，他努力控制住情绪，以免不由自主地喊出他们的名字。这些战士如今已经变成了敌人，一旦塔维兹暴露行踪，他们绝不会用亲切拥抱和热情致意来欢迎他。

敌方一门心思进攻，眼里只有领唱者宫殿这个大奖，完全抛弃了对整体战场的恰当把握，这种艾多伦式的专注思维帮了塔维兹一个大忙。这一次，艾多伦的缺陷变成了塔维兹的优势，他如幽魂般穿过光线昏暗的宫殿废土。

"你需要强化军纪了，艾多伦，"他低声说道，"否则总会付出代价的。"

他安排卢修斯率部驻守的东部区域是一片被炸成瓦砾的废墟，火焰风暴将墙上的壁画尽数抹除，过去几个月里的无休轰炸与狂怒鏖战已经将林立着雄伟雕像的庭院化作粉末。他们在这种地方竟然坚守了如此之久，这本身便是一个奇迹，塔维兹还没有盲目到欺骗自己去相信守军能够永远抵挡攻势。

他看见十几具散落的尸体，于是着手检查死者，确认那位剑客是否真的牺牲了。每一具遗体都曾是他熟识的战士，是在宫殿中跟随他步入沙场的战士，是笃信他能够带领大家走向胜利的战士。每一双死去的眼睛都在无声地指责塔维兹，但他明白自己无能为力。

越往东走，他就遭遇到越少的帝皇之子入侵者，对方的攻势深入领唱者宫殿的核心，并没有铺展开来并掌控整片区域。

艾多伦当然会直奔荣耀而去，而非遵循基本的战场守则。

"给我一百个星际战士，我就能惩罚你的自大。"塔维兹心想。

一个微笑在他脸上缓缓展露。他确实有一百个星际战士。不错，他们此刻身陷苦战，但如果有任何一支部队能够在激烈交火中有序地撤出战场，将阵线移交给友方单位的话，那就是帝皇之子了。

他蹲在一座倒塌雕像的阴影里，打开了通信频道。"索拉森，"他嘶声说，"你能听到我吗？"

静电噪音钻入他耳中，塔维兹低声咒骂，他的计划不该被通信问题这种鸡毛蒜皮的小事给毁掉。

"我听到了，长官，不过我们现在有些忙！"索拉森的声音说。

"明白，"塔维兹说，"但我有新的命令交给你。撤离战场，让影月苍狼接手,由他们担任战斗的主力。召集你能找到的所有战士,在我的位置集合。"

"长官?"

"从仆役区的东部通道过来。你们应该不会遇到显著的阻力。我们有个机会能让那帮混蛋吃些苦头,索拉森,所以我需要你尽快赶到我这里!"

"明白,长官。"索拉森回答,随后关闭了通信频道。

一个声音让塔维兹突然僵在原地,"那没用的,索尔。领唱者宫殿已经完了,即便是你也应该能看清这一点。"

他抬起头看到卢修斯站在前方的拱顶中央,对方一只手握着闪动寒光的长剑,另一只手拿着一片碎玻璃。卢修斯将玻璃碎片举到面前,用剃刀般的锋利边缘划过自己的脸颊,鲜血流淌出来,滴落在地面上。

"卢修斯,"塔维兹说着站起身,步入拱顶向那剑客走去,"我以为你死了。"

拱顶里充斥着明亮的星光,塔维兹注意到四周满是帝皇之子的尸体。他们不是叛徒,而是忠诚派战士,这些人的死因并非枪伤,他们无一例外地被某种锐利兵器斩杀。众多战士被砍得七零八落,一种可怕的怀疑在塔维兹心头渐渐浮现。

"死?"卢修斯笑着说,"我会死?当我在训练笼里把洛肯放倒之后,你还记得他说了什么吗?"

越发警觉的塔维兹点点头,"他说总有一个人会打败你。"

"那你记得我说了什么吗?"

"是的,"塔维兹回答,他的手掌缓缓握住了阔剑剑柄,"你说'这辈子没有可能',对吗?"

"你的记忆力很好。"卢修斯说着,将那片染血玻璃抛在地上。

"这最新的一道伤疤是为谁留的?"塔维兹问。

卢修斯微笑起来,那笑容中毫无暖意。

"为你,索尔。"

马卡拉大殿的宏伟厅堂如今变成了焦黑枯骨堆砌而成的一片荒漠,当病毒炸弹引爆的时候,成千上万名伊斯特凡平民聚集在这里,企望位于大殿末端的国会大厦能够收容他们。所有人拥挤在这里,也死在了这里,被烈焰焚化的无数遗骸仿佛是一片古老的沼泽,里面探出三根支撑着整座大殿的石柱。

在第四根柱子的位置则是国会大厦本身，从大殿里升腾而起的乌黑烟尘像触须般玷污了那座建筑。

圣歌城国民议会原本在此办公，与领唱者宫殿里的贵族互为呼应，然而那些手握大权的高等公民并未逃过一劫，与国会门外的拥挤人潮一同泯灭。

洛肯踏过焦黑的遗骸，在浓密交错的枯骨间穿行，手中紧握利刃。一个骷髅头向他露出狞笑，那烧焦的空洞眼窝充满了控诉意味。在他身后，托迦顿谨慎观望着面前的厅堂。

"等等。"洛肯轻声说。

托迦顿停下脚步，四下打探，"是他们吗？"

"我不知道，或许是。"洛肯说着，抬头遥望国会大厦。他勉强能够看到一架飞行器的轮廓，那是披覆着荷鲁斯之子涂装的风暴鸟，"至少肯定有人在这里降落了。"

他们继续走到国会大厦脚下，沿着平滑的大理石台阶上行。国会原本有两扇嵌着铁钉的厚重橡木大门，但早已被病毒蚕食，又在火焰风暴里化为尘埃。

"进去吧？"托迦顿说。

洛肯点点头，突然盼望两人没有来到这里，一种可怕的危难感将他全身笼罩起来。他看看托迦顿，在迈出这决定命运的沉重脚步之前，他希望自己能对老友说些恰如其分的话。

托迦顿似乎知道他在想什么，"是的。我明白，但我们还有什么选择？"

"没有。"洛肯说着，举步穿过门廊，走进国会大厦。

这座建筑的内部并没有在病毒炸弹轰炸以及火焰风暴中受到严重的损毁，只有几具扭曲焦黑的尸体瘫在乌木门板与其他家具之间。圆形大厅的内墙覆满了早已褪色的壁画，描绘着圣歌城的光辉历史，讲述着这座城市的荣光。

国会的长椅与投票桌都围绕着椭圆形中央舞台摆放，那上面伫立着一座讲坛，各种决议与辩论曾在此展开。

而现在，艾泽凯尔·阿巴顿与荷鲁斯·阿西曼德正站在讲坛前面。

"你背叛了我们，"塔维兹说道，深重的痛苦与失望几乎令人无法承受，"你杀害了你自己的战士，又放任艾多伦带兵闯入宫殿，是不是？"

"没错，"卢修斯挥动长剑，放松肌肉，为战斗热身。塔维兹明白两人之间的生死对决即刻就要爆发，"我也一点都不后悔。"

塔维兹绕着拱顶边缘迂回，与剑客展开对峙。他对于这场决斗的结果不抱任何幻想，卢修斯是军团中毋庸置疑的顶级剑术大师，或许在所有军团中都难寻对手。塔维兹明白自己无望击败卢修斯，但这样的背叛必须遭到报应。

荣誉必须得到偿还。

"为什么，卢修斯？"塔维兹问道。

"你居然好意思问我，索尔？"卢修斯质问道，他脚下逐渐逼近，一步步缩短两位战士之间的距离，"我之所以被困在这里，完全要归功于不幸和你结交。我知道总司令还有法比乌斯对你提出的邀请。你怎么能拒绝那样的机会？"

"那种东西令人憎恶，卢修斯，"塔维兹说，他知道自己必须尽量用谈话拖延对方，"染指基因种子？你怎能相信帝皇会放任这样的胡作非为？"

"帝皇？"卢修斯笑道，"你确定他会反对吗？看看他是如何创造出基因原体的？我们不也是基因手段的产物吗？法比乌斯展开的实验是进化道路上合乎逻辑的下一阶段。我们是个超凡脱俗的种族，我们必须维护这一点，消灭任何阻碍我们的劣等生物。"

"甚至包括你的同袍战友？"塔维兹用剑尖指着拱顶四下的尸体厉声说。

卢修斯耸耸肩，"正是如此。我要重新加入我的军团，而他们妄图阻止我。我还有什么选择？现在你也想阻止我。"

"于是你也要把我杀掉？"塔维兹问，"在你我并肩作战了这么多年之后？"

"别想诱使我顾念旧情，索尔，"卢修斯警告道，"我比你更强，我要效忠军团，建立丰功伟业。无论是你还是任何愚忠思想都阻止不了我。"

卢修斯抬起剑，进入战斗姿态，塔维兹则向对手逼近。拱顶似乎突然显得异常安静，两位战士相互迂回，寻找对方防御中的破绽。塔维兹用左手抽出战斗短剑，反手握住。

塔维兹已经无话可说了。这一切只能用鲜血画上句号。

他毫无预兆地扑向卢修斯，刺出副手的短刃，但他在发动攻势的那一刻就明白，卢修斯早已有所预料。

卢修斯侧身躲闪，将长剑剑柄向下挥动，击飞了战斗短剑。塔维兹扭转方向横扫阔剑，对手则迅速俯身避开。

塔维兹的剑刃仅仅切开了空气，腰部则被卢修斯用手肘猛撞。

他预料卢修斯会趁势追击，急忙拉开距离，但那剑客只是面露微笑，迈着轻盈步伐在塔维兹身边舞动。卢修斯在戏耍他，如此露骨的嘲弄让他怒火高涨。

卢修斯如同毒蛇般迅速逼近，掌中长剑刺向塔维兹腹部。塔维兹挡住了这一招，随即拧转手腕压过卢修斯的剑刃，直取敌人的脖颈，但那剑客依旧有所准备，敏捷地躲开了他的攻击。

塔维兹骤然展开反扑，他的钢铁剑刃化作一道模糊的残影，迫使卢修斯步步退却。卢修斯招架住一记挥向小腹的凶恶劈砍，大笑一声扭转身躯，快如闪电地出剑还击。

塔维兹眼看着剑刃破空而来，心中明知自己丝毫无法阻拦。他奋力向后躲避，但那充能刀锋还是深深地咬进他的躯干，扬起一股烈火焚身般的炽热剧痛。他用手掌紧紧按住身侧，鲜血沿着盔甲奔涌而下，他低声痛呼，等待盔甲自动注射的兴奋剂将伤痛抹消。

塔维兹从卢修斯面前退却，那剑客则带着兴奋的狞笑步步紧逼。

"如果这就是你的最高水平，索尔，那么你不如现在就放弃吧，"卢修斯讥笑着说，"我保证给你个痛快。"

"我正要对你说这话呢，卢修斯。"塔维兹喘息着再次抬起阔剑。

两位战士重新短兵相接，他们的剑刃在空中留下亮银与幽蓝的闪烁轨迹，迸发出明亮夺目的四溅火花。塔维兹唤起了每一丝勇气、力量与技巧，但他知道这依旧毫无希望。卢修斯轻松惬意地招架住他的每一次攻击，又漫不经心地在他身上留下一道道剑痕，虽然伤重见血却远非致命。

塔维兹嘴边淌着鲜血，又一次的剑伤让他踉跄后退。

"命中了，"卢修斯狞笑着说，"正中目标。"

塔维兹明白自己近乎气力衰竭，这场战斗不会持续太久了。卢修斯很快就要厌倦这无趣的游戏，出手了结塔维兹的性命，但两人或许已经在这里迁延了足够久。

"受够了吗？"塔维兹咳着血问道，"你并非一定要死在这里。"

卢修斯歪着头向他逼近，"你是认真的，对吗？你真的认为你能打败我。"

塔维兹点点头，吐出一口血，"你要是觉得能杀了我，就来试试啊。"

卢修斯一跃上前，塔维兹则松手弃剑举身相迎。这自杀式行动让卢修斯措手不及，他的动作放慢了一瞬间，未能躲开塔维兹的攻势。

两位战士在空中相撞，塔维兹用拳头猛击剑客的面孔。卢修斯偏过脑袋抵消了一部分力量，两人摔落在地，但塔维兹没有给对方丝毫喘息之机，继续狠狠敲打昔日同袍的头颅。卢修斯的长剑滑落到一边，两人用拳头、手肘、膝盖和双脚殊死搏斗。

在这种贴身距离上，剑术已经毫无意义，塔维兹将满腔愤怒与仇恨灌注到每一记势若雷霆的重拳里。他们像街头混混一样翻滚厮打，塔维兹的强悍攻击足以夺走十余条凡人性命，而那个剑客则挣扎脱身。

"我也记得洛肯第一次把你击败时给你的教训，"塔维兹喘着粗气说，他瞥见拱顶边缘有些动静，"了解你的敌人，用一切必要方法取胜。"

他松开卢修斯，翻身滚到一旁，尽可能地与剑客拉开距离。卢修斯瞬间起身，匆忙去捡拾他的武器。

"索拉森，动手！"塔维兹喊道，"杀了他！他背叛了我们所有人！"

他看着卢修斯转头望向拱顶入口，发现了索拉森集结于此的众多战士。作为一名优秀的帝皇之子，索拉森毫不犹豫地服从了塔维兹的命令，拱顶里顿时充斥着爆矢枪的咆哮。卢修斯飞身扑倒，但即便是他的迅捷动作也无法避开爆矢枪的齐射。

卢修斯在枪林弹雨中抽搐扭动，盔甲上飞溅着火花与鲜血。他在地板上仓皇翻滚，扑向墙边的一个破洞，忠诚派帝皇之子的枪弹则继续啃噬他的身躯。

"杀了他！"塔维兹喊道，但卢修斯的速度令人难以置信，那剑客低身冲出拱顶，破洞周围的焦黑壁画被子弹彻底撕碎。

塔维兹勉强站起身，踉跄着走到卢修斯逃脱的地方。

从拱顶望出去，宫殿的外围区域浓烟滚滚，布满弹坑与焦土。卢修斯已经踪影全无，塔维兹沮丧地用拳头猛砸墙壁。

"塔维兹连长？"索拉森说道，"我们奉命报到。"

塔维兹放弃了追踪卢修斯的尝试，将沮丧抛诸脑后，专注于目前的紧要事务，准备向艾多伦发动反击。

"谢谢，索拉森。你救了我的命。"他说。

那位战士点点头，塔维兹弯腰抓起一把爆矢枪，检查弹药，确定自己有整整一个弹夹的子弹。

"来吧，"他神色严峻地说，"让那些混蛋看看，真正的帝皇之子如何战斗。"

第十七章

获胜才有活路
审判日
结局

"叛徒。"洛肯说着踏入国会大厦。

"根本没有什么背叛可言。"阿巴顿反驳道。

即便经历了伊斯特凡Ⅲ上所发生的一切，背叛这个词依旧足以引燃洛肯心中那永难消退的怒火。

"你在这一点上值得我嫉妒，洛肯，"阿巴顿继续说道，"对你而言，整个银河想必非常简单。只要存在所谓的敌人，你就能埋头战斗到死，而且始终笃信自己是正确的。"

"我知道我是正确的，艾泽凯尔！"洛肯喊道，"这一切怎么可能不是错的？湮灭整座城市，屠杀战斗兄弟？究竟发生了什么，阿巴顿，让你变成这个样子？"

阿巴顿迈下舞台，让阿西曼德独自站在讲坛旁。身披终结者铠甲的阿巴顿比洛肯高出一截，但他目睹过第一连长的战场表现，对方依旧具备着敏捷和技巧，不逊于任何一个身穿动力甲的阿斯塔特。

"伊斯特凡Ⅲ的事情之所以不可避免，就是因为某些眼界狭隘的人无法认清现实，"阿巴顿说，"你以为我参与这些行动，选择这种立场，都是因为我喜欢杀戮自己的兄弟吗？我有信念，洛肯，和你一样坚定。银河之中存在着一些连帝皇都无法理解的力量。如果他为了一己私欲妄图登神，将全人类弃之不顾，那些力量就会吞没我们，整个银河中的每一个人都会死。你能理解如此庞大的概念吗？整个人类种族！战帅能够理解，而这就是为什么他必须接替帝皇的位置，着手应对那些威胁。"

"应对它们？"托迦顿摇着头说，"你这蠢货，艾泽凯尔，我们亲眼看到了艾瑞巴斯的所作所为。他欺骗了你们所有人。你们与邪恶的力量缔结了契约。"

"邪恶?"阿西曼德说道,"它们拯救了战帅的性命。我目睹过它们的力量,战帅完全有能力控制它们。你以为我们愚蠢而盲目?亚空间的力量是执掌银河的关键。帝皇恰恰未能理解这一点。战帅不仅会领导帝国,还要成为亚空间的主宰,届时我们将统御亿万星辰。"

"不,"洛肯回答,"战帅已经被腐化了。如果他夺过皇位,银河就绝不会归人类统治,而是落入其他事物的魔掌。你明白这一点,小荷鲁斯,即便艾泽凯尔不明白,他根本不在乎银河,他只想站在胜利的那一边。"

阿巴顿微笑着缓缓逼近洛肯,托迦顿则向荷鲁斯·阿西曼德迂回前进,"获胜才有活路,洛肯。你死了,你就输了,你所信奉的一切都毫无意义。我活下来,我就赢了,你的存在不会留下任何痕迹。胜利,洛肯。银河之中唯独胜利具有意义。你应该花更多时间担任战士的角色,那样的话你或许也能站到胜利的一边。"

洛肯举起长剑,试图预判阿巴顿的行动,"总有时间来决定究竟谁会胜利。"

他能看到阿巴顿全身紧绷,蓄势待发,他也知道第一连长的挑衅只是在掩盖其真实意图。

"洛肯,你们守了这么久,"阿巴顿说道,"却还是不明白我们究竟在做什么。我们毕竟是人,总要犯些错误,然而你不愿倾力实现战帅的伟大筹谋,却与我们作对……这就不可原谅了。"

"那么你犯的错误又是什么,艾泽凯尔?"

"废话太多。"阿巴顿回答,他飞身扑向洛肯,双拳的利爪覆满了致命的能量。

托迦顿看着阿巴顿朝洛肯冲锋,于是自己也向小荷鲁斯展开进攻。昔日同僚在他眼中看到了熊熊战意,立刻纵身迎上。此时阿巴顿和洛肯已经将通道两旁的长椅砸成碎片。

两人伴着战甲冲撞的轰响缠斗起来,唯有一朝反目的患难兄弟才能展现出如此凶悍的力量与如此刻骨的仇恨。他们像摔跤手一样搊抱扭打,直到阿西曼德奋力甩开托迦顿的双臂,挥肘狠狠砸中对方的下颚。

托迦顿后退一步，挡住了扫向自己面部的右勾拳，随后骑身而上，贴近阿西曼德，用覆有重甲的膝盖猛击对手腹部。

小荷鲁斯踉跄后退，但托迦顿知道，要想把阿西曼德这样的战士放倒，肚子上的一记重击是远远不够的。他的昔日兄弟体形壮硕，无论在力量、平衡还是技巧方面都与托迦顿不分伯仲。

两位战士对立相持，托迦顿能看到小荷鲁斯脸上闪过一丝悔恨。

"你为什么要这样做？"托迦顿问道。

"你说过你与我们为敌。"阿西曼德回答。

"我们依旧如此。"

两位战士都略微放松了戒备：他们曾是兄弟，曾是四王议会的成员，他们并肩作战过太多次，没有装腔作势的必要。他们都深知对方的战斗技巧。

"塔瑞克，"阿西曼德说，"如果这一切能有另外一种解决方式，我们就绝不会这样做。没有谁是主动选择这条道路的。"

"小荷鲁斯，你是什么时候意识到你们误入歧途的？是在战帅宣布我们要遭到轰炸的时候，还是更早一些？"

阿西曼德向陷入鏖战的洛肯和阿巴顿瞥了一眼。"你可以全身而退，塔瑞克。战帅想要洛肯的性命，但他没有提到你。"

托迦顿放声一笑，"我们管你叫小荷鲁斯是因为你长得太像他，但我们不该这样叫。荷鲁斯眼里可从来没有疑惑。你并不确定，阿西曼德。你或许站在了错误的一边。你或许还有最后一个机会，作为星际战士而非奴隶了结自己的性命。"

阿西曼德惨淡地笑了笑，"我已经亲眼看见，塔瑞克，我目睹了亚空间。你无法对抗那样的事物。"

"但我还是站在这里。"

"如果你抓住了结社赋予的机会，你就也能目睹。它们能够给予我们无比强大的力量。如果你能明白，塔瑞克，你就会毫不犹豫地加入我们。整个未来都会在你面前展露无遗。"

"你知道我不能退却，你也是。"

"那么，就这样了？"

"是的，就这样了。正如你所说的，我们没有谁主动选择这条道路。"

洛肯 VS 阿巴顿

阿西曼德做好了战斗准备，"就像在训练笼里一样，塔瑞克。"

"不，"托迦顿说，"完全不一样。"

充能利爪挥向洛肯头部，他匆忙低身闪避，未能及时发现这是一记佯攻。阿巴顿探手抓住洛肯的肩甲边缘，用膝盖猛击他的腹部。塑钢顿时凹陷下去，骨骼断裂的剧痛像刀子一样捅进洛肯的脑海。

阿巴顿松开爪子，挥拳正中洛肯的面孔。他被击飞到国会大厅墙边，烧焦的石膏和砖块纷纷散落。

"战帅想让我带上加斯塔林，但我告诉他那简直是侮辱。"

洛肯发现自己的剑就躺在脚旁，于是背靠墙壁滑到地面握住武器。他随后借力猛扑上前，扭转身躯躲过阿巴顿的铁拳，挥剑砍向第一连长的面孔。

阿巴顿用小臂铠甲挡住了这一击，伸手将洛肯拎在半空，狠狠抛向国会大厅的石壁。洛肯的世界天旋地转，随后便充斥着痛苦。

他摔落在地，视线模糊不清，身旁石屑飞溅。他体内的痛苦显得很陌生，仿佛属于旁人。他的脊梁就像是被折断了，脑海中的一个叛逆声音劝说着他，只要就此放手，让一切化作消散烟云，那么所有的痛苦都会不复存在。他紧紧握住剑柄，催动心中怒火帮助他击退这个诱使自己放弃的声音。

很久以前，洛肯曾向帝皇起誓，即便在死到临头之际也永不放弃。他的视野重新聚焦，他抬起头来，看到自己在国会大厅墙壁上砸出了一个大坑。

洛肯翻身跪地，阿巴顿则向他发起冲锋，对方披挂重甲的庞大身躯将焦黑残破的长椅残骸轻易推开。

洛肯匆匆起身步步退却，让阿巴顿的巨拳从面前扫过。随后他快步抢攻，递出长剑，然而对手的厚重铠甲偏转了锋刃。他急忙沿着国会大厅的台阶向上撤退，耳中听着托迦顿与小荷鲁斯恶斗的声音，明白需要兄弟助自己一臂之力才能赢得这场死战。

"你没法永远逃跑！"阿巴顿高声咆哮，迈着雷霆般的沉重步伐展开追击。

索尔·塔维兹面露微笑，就像一个终于将猎物逼入死角的猎手。他和索拉森率领战士们在艾多伦的部队里切开了一个血淋淋的口子，以毫无怜悯的肆意杀戮回报对方不久之前的残忍突袭。这波极具威胁的攻势原本要将他们彻底吞没，如今却可能转变为叛徒的惨烈溃败。

凶恶枪声在宫殿中回荡，忠诚派向任何能够移动的目标倾泻着一波波弹雨。忠于帝皇的星际战士们包围了艾多伦的突击部队，令其腹背受敌。总司令的大军逐渐土崩瓦解。

塔维兹能看到一些缺失肢体或身负重伤的战士依旧奋力拼搏，死战不退，他们相互推搡着在同袍之间挤出位置，唯求亲手杀戮那些功亏一篑的敌人。塔维兹手中剑刃所收割的性命也不在少数，他斩杀了一位位曾经与之并肩作战、共赴沙场的战士，每一记劈砍都是那莫测命运的残酷转折，让他感到心痛如割又荡气回肠。

艾多伦手持战锤矗立在战场中心，与他交手的战士全都在一个回合之下落得血肉模糊的下场，塔维兹立刻朝总司令的方向杀出一条血路。与卢修斯的决斗让塔维兹的身躯伤痕累累，但他明白此刻召唤药剂师已经毫无意义。他如今背负的创伤是没有机会痊愈的。这里就是他们的结局，塔维兹对此了然于胸，但他们必定要死战到底，有幸率领这些英勇将士冲锋陷阵让他感到了前所未有的骄傲。

一个理应忠诚的同僚临阵倒戈，亲手葬送了众多如此高尚的战士，那是一种天理难容的可憎行径，然而似乎又是这场顽强抗争的恰当结局。卢修斯险些让忠诚派输掉了整场战斗，塔维兹发誓如果自己能死里逃生的话，就一定要彻底了结那个混蛋。

总司令几乎近在咫尺，但就在艾多伦注意到塔维兹的那一刻，叛徒们便开始有纪律地展开后撤。塔维兹沮丧得想要厉声尖吼，但他也明白绝不能罔顾生死地盲目追击。

"火力网，大堂方向！"塔维兹放声高喊，一队阿斯塔特立刻奉命列阵，向仓皇撤退的敌人稳健地倾泻爆矢弹。

塔维兹垂下剑，靠着残破墙壁，他意识到纵然双方兵力差距悬殊，忠诚派还是守住了。他尚未来得及品尝这出乎意料的胜利，耳中的通信器便传来鸣响。

"塔维兹上尉。"那是一个影月苍狼的声音。

"我是塔维兹。"他回答。

"我是维帕斯，上尉。天顶上的火力点位置很稳固，但我们有客人了。"

"我知道，"塔维兹回答，"荷鲁斯之子。"

"比那个更糟，"维帕斯说，"西边，抬头看。"

塔维兹迈步穿过战场的余烬，将视线从烟雾笼罩的破败废墟上抬起，仔细扫视天空。某种物体正在向宫殿进发，某种距离遥远但极为庞大的物体。

"泰拉在上，"他说，"是审判日。"

"我会把那架泰坦列为首要目标。"维帕斯承诺。

"不，你们伤不到它。只管杀死敌军星际战士。"

"遵命，上尉。"

"敌军单位！"神殿入口处的一个声音喊道，"装甲与支援部队！"

塔维兹把自己从墙边推开，汲取心中最后的一点意志力，再次指挥战士们构筑防线，"突击小队门口就位！其他所有阿斯塔特，随意开火！"

塔维兹能看到一支规模庞大的敌军部队，方方正正的兰德掠夺者与犀牛运兵车在领唱者宫殿外围逐渐集结。在装甲车辆背后，荷鲁斯之子、吞世者以及帝皇之子用重重火力网将整座宫殿包围起来。

审判日即将进入射程，用毁天灭地的强大武器展开轰击。

"他们很快就会再次进攻，"塔维兹喊道，"但我们会再次击退敌人，兄弟们！无论如何，他们都永远不会忘记在这里尝到的苦头！"

塔维兹遥望那些为最终攻势列阵集结的茫茫敌军，他明白这一次不可能守住了。

这就是结局。

终结者铠甲极为庞大，它能把人化作步行坦克，然而这份额外的防护能力是以速度为代价换取的。阿巴顿技艺高超，在身披厚重盔甲的同时，几乎能与其他任何一个阿斯塔特同样敏捷。

但在生死攸关之际，"几乎"是不够的。

阿巴顿横冲直撞地回到国会大厅内部，碎石如同雨点般洒落，那肩甲高过头顶的终结者盔甲上覆满了灰白色的石膏粉末。阿巴顿用蛮力开拓前路，从一道摇摇欲坠的低垂门廊下经过，上方是众多精雕细琢的大理石人像。洛肯骤然猛击一根受损的门廊支柱，那早已遍布裂痕的柱子顿时分崩离析。

阿巴顿头顶的巨型石板纷纷砸落，沉重的雕像将第一连长掩埋起来，国会大厅顿时充斥着滚滚烟尘。洛肯能听到阿巴顿的暴怒咆哮，粉身碎骨的精美石雕化作一股毁灭洪流，以雷霆之势倾泻而下。

他转头看到舞台中央的托迦顿与荷鲁斯·阿西曼德。

托迦顿跪倒在地，身上血流如注，肢体残破不堪。阿西曼德手中高举利剑，即将发动致命一击。

洛肯厉声呼吼，想要制止昔日同袍，但他明白即将发生什么。埋在雕像下面的阿巴顿奋力挣扎脱身，让堆积如山的碎石隆隆散落，但在这刺耳噪音之中，洛肯依旧无比清晰地听见了阿西曼德口中那惊心动魄的几个字。

"我很抱歉。"阿西曼德说。

随后那剑刃便斩向托迦顿的脖颈。

那团等离子如同一颗恒星的纤纤细指，从审判日的炮口探向战争歌者的神殿，液态烈火轻易洞穿了墙壁，将地面啃出一个深坑。那震耳轰鸣如同一座城市的濒死呼吼，神殿的整面高墙应声倾覆，尘土与火焰冲天而起，碧绿石片像刀刃般四下横飞。众多战士被炼狱般的热浪所融化，或是葬身在山崩般的倒塌建筑下面。

塔维兹跪倒在通往神殿上层的蜿蜒旋梯里。一团令人窒息的灼热余烬在他周围滚滚翻卷，他强迫自己向上攀爬，心中清楚地意识到，数百名最后的忠诚战士刚刚牺牲了。将这里重重包围的叛徒们寂静无声，在这鲜明对比之下，神殿坍塌的隆隆轰鸣就显得更加恐怖。

一具尸体从他身边滚落，是个影月苍狼，此人的手臂已经不见踪影，被轰击神殿屋顶的敌军炮火炸飞了。

"到屋顶去！"塔维兹下令，他不知道在泰坦巨炮的震耳怒吼中究竟有没有人能听到自己的话，"放弃大堂！"

塔维兹迈入一条贯穿神殿的长廊，发现这里挤满了星际战士，大家的军团涂装被污泥与血迹彻底覆盖，早已无从辨认。塔维兹意识到，军团之间的分别在此刻毫无意义，因为他们都是为了同一目标团结拼搏的战斗兄弟。

这层建筑上方就是屋顶，塔维兹找到了瑞萨林士官，那是一位意志坚定的小队领袖，也是谋杀星球战役的老兵。

"士官！"他喊道，"汇报！"

瑞萨林从窗前抬起头，他正在用爆矢枪瞄准敌人。他头部侧面挨了一发流弹，脸上满是血迹。

"情况不妙，上尉！"瑞萨林回答，"我们已经抵挡了这么久，但是恐怕没法守住下一波攻击。他们人数太多，而且那架泰坦随时都能把我们轰到天上去。"

塔维兹点点头，冒险透过破碎的观察孔观望下方的地面，他看到了宫殿周围横陈四下的巨量尸首，也看到了众多丝毫不知荣誉和忠诚的卑劣叛徒，心中恨意顿时高涨。塔维兹在最近的几个月里曾率领那些阵亡将士纵横搏杀，早已熟知其中的每一位兄弟，而且他也明白那些人代表着什么。

他们是银河中最强大的战士，是人类的救星与帝皇的选民。他们的生命充满了英勇行为与无私奉献，如今却被残暴的背叛所终结，这让他感到一股前所未有的无助。

"不，"他开口说道，努力重铸决心，"不，我们绝不会放弃。"

塔维兹看着瑞萨林的双眼说，"那架泰坦会再次轰击神殿的同一个角落，位置略高一点，之后叛徒必将发动攻势。把我们的人撤回来，准备迎战。"

他明白叛徒们只是坐等神殿彻底倾覆，之后便可轻易攻陷这里，毫不费力地把忠诚派战士一网打尽。这不仅仅是一场战斗，这是战帅在展现他的压倒性力量。

审判日喷吐出一串串巨型炮弹，用令人震撼的烈焰漩涡与死亡风暴席卷了神殿外围广场，让忠诚派战士们在冲天火柱里灰飞烟灭。

炼狱般的高热拍打着神殿，一股焦灼焚风钻进长廊。

"你们就这点能耐？"塔维兹愤怒地高喊，"你们永远没法把我们全都干掉！"

众多战士看着他，眼中迸发出狂野凶光。这是愤怒言语而非鲁莽挑衅，在他自己耳中都倍显空洞，然而兄弟们由此点燃的不屈斗志让塔维兹微笑起来，他提醒自己，还要为大家负责。

他要负责让大家的最后一战有所意义。

泰坦的等离子炮轰然开火，顿时将空气撕成碎片，让白热高温充斥长廊，把塔维兹冲倒在地。熔融石屑四处飞溅，众多战士粉身碎骨，惨遭焚化。塔维兹目不可视，两耳麻木，奋力让自己脱离险境。灼人空气呼啸回流，重新填充被等离子炸出的真空，仿佛有一股炽热的毁灭之风降临在伊斯特凡Ⅲ地表，要把忠诚派战士们烧尽抹除。

塔维兹翻身躺倒，发现那团等离子径直切开屋顶，在神殿一角留下了边缘尚且散发红光的破洞，如同巨型怪兽的牙印。整整三分之一的神殿结构被高温熔融，像泥石流般崩塌扩散，仿佛化作一条翡翠长舌。

塔维兹试图驱散耳中的嗡鸣，强迫双眼重新聚焦。

在朦胧热霾彼端，他能听到敌军部队中响起一声战吼。

类似的声音从神殿另一头的宫殿废墟传来，那是吞世者与帝皇之子的集结阵地。

进攻开始了。

洛肯惊恐地跪倒在地，眼看着托迦顿身首异处。鲜血缓缓喷涌，为银色剑刃染上了一抹猩红。

他呼号着老友的名字，看着对方的身躯颓然摔落在舞台上，将那木制讲坛砸成碎片。他与荷鲁斯·阿西曼德四目相对，那位兄弟眼中流露着一股相似的哀痛。

炽热而凶猛的怒火涌上洛肯心头，但这份狂怒的目标却并非面前的荷鲁斯·阿西曼德，而是背后那个挣扎着爬出碎石与瓦砾的人。洛肯转过头，强迫自己站起身来，看见阿巴顿从那坍塌门廊下面逐渐脱身。第一连连长掀开了厚重的大理石板，那座小山一般的残骸足以压死身着盔甲的阿斯塔特，然而他腰部以下的身体依旧动弹不得。

洛肯发出一声浸透了哀痛与暴怒的狂野嘶吼，快步冲向阿巴顿。他飞身跃起，将膝盖重重砸在阿巴顿的手臂上，用自己的身体与力量压制住对方。洛肯的链锯剑挥向阿巴顿的面孔，对方则抬起那条能够自由行动的臂膀，紧紧握住洛肯持剑的手腕。

两位战士彻底静止，面面相对，陷入一场生死较量。洛肯紧咬牙关对抗阿巴顿的铁腕，奋力下压手臂。

阿巴顿盯着洛肯的面孔，看到写在他脸上的仇恨与悲痛。

"你还有希望，洛肯。"他低吼道。

洛肯用更大的力量压迫那咆哮的剑锋，他甚至从未想象过自己的身躯能够承载如此凶悍的蛮力。阿斯塔特所遭受的背叛——其内在理念所遭受的背叛——在洛肯脑海中闪现，阿巴顿的暴戾面孔凝聚成一个切实目标，让他得以挥洒满腔恨意。

链锯剑的利齿尖啸飞旋。被洛肯压低的刀锋开始啃噬阿巴顿的胸甲。洛肯推动剑刃继续深入,伴着飞溅火星切割那层层叠叠的厚重塑钢。剑柄剧烈颤抖,但洛肯坚决稳住兵刃的走向。

他知道应该在何处切开盔甲,穿透那块保护着阿巴顿胸腔的骨盾,直刺对手心脏。

就在洛肯设想阿巴顿的死亡时,第一连长突然微笑着推动手臂。与阿斯塔特动力甲相比,终结者盔甲能够将穿戴者的力量提升到难以置信的高度,阿巴顿正是利用这样的凶蛮力道把洛肯狠狠逼退。

阿巴顿怒吼一声从碎石堆里挺身站起,将他的充能铁拳砸进对手胸口。洛肯的盔甲顿时被击碎,保护胸腔的骨盾也四分五裂。他从阿巴顿面前蹒跚后退,坚持站立了几秒钟,随后双腿一软跪伏在地,破损的口唇中血流如注。

阿巴顿居高临下地站在前方,洛肯麻木地看着荷鲁斯·阿西曼德也走到一旁。阿巴顿眼中满是凯旋的意味,阿西曼德的双眸则充斥着悔恨。阿巴顿微笑着抢过阿西曼德手中的染血长剑。"这把武器杀死了托迦顿,我理应也用它杀掉你。"

第一连连长举剑说道:"你原本有机会的,洛肯。临死前记住这一点。"

洛肯直视阿巴顿的冷酷目光,等待致命一击,他看到了暴怒恶魔般的深重疯狂潜藏在对方眼中。

然而在剑刃斩落之前,国会大厅骤然土崩瓦解,后部墙壁被某种硕大无朋的物体轻易撞穿,那仿佛是一位行走于世间的原始战神。洛肯依稀瞥见一只与建筑等宽的钢铁巨足践踏石壁,那宏伟怪兽在行进时将国会大厅化作四散残骸。

他抬起头来,恰好看到一个强悍无比的赤红战神,它睥睨众生,顶天立地,在圣歌城的破败废墟间阔步穿行,它的防御壁垒中枪炮林立,它的庞大头颅上面目扭曲,流露出一股冷酷无情的暴虐怒火。

纷乱残骸从天花板上如雨点般泼洒下来,国会大厅化为乌有,被审判日碾成一地碎石瓦砾,整座建筑在洛肯身边分崩离析,他露出了微笑。

大理石地板被猛烈撞击震碎,国会大厅彻底倾覆时的隆隆轰响仿佛是最美妙的音乐，洛肯感觉整个世界都遁入了黑暗。

索尔·塔维兹环视四周，看着身旁的百余名星际战士，他们挤在战争歌者神殿的残存废墟里，这是最后一小块掩体了。他们在此坐等叛徒发动最后的攻势，刚刚过去的三十分钟漫长得像是一个世纪。

"他们为什么不进攻？"耐罗·维帕斯问，他是屈指可数的幸存影月苍狼之一。

"我不知道，"塔维兹回答，"但无论是什么原因，我都很感激。"

维帕斯点点头，刻在他脸上的哀伤与领唱者宫殿的这场背水一战毫无关系。

"还是没有加维尔或者塔瑞克的消息？"塔维兹在提出问题之前就知道了答案。

"没有，"维帕斯回答，"什么都没有。"

"我很遗憾，朋友。"

维帕斯摇摇头，"不，我还不打算为他们哀悼。他们尚有成功的希望。"

塔维兹没有说话，不愿打破这位战士的幻梦，他将注意力再次投向战帅麾下那支规模恐怖的围困大军。上万名叛徒纹丝不动地伫立在圣歌城的废墟里。吞世者与帝皇之子一同吟唱，荷鲁斯之子与死亡守卫并肩列阵。

谢天谢地，那直入云霄的审判日终于停止了轰击，庞然巨兽般的泰坦居高临下地注视着妖鸣堡，像是一座凶恶的城堡。

"他们想确保我们一败涂地，"塔维兹说，"要在我们的尸体上竖起胜利的旗帜。"

"的确，"维帕斯表示认同，"但我们打了一场让他们永生难忘的血战，不是吗？"

"是的，"塔维兹说道，"是的，而且即便我们全军覆没，加罗也会向其他军团汇报叛徒的暴行。帝皇会派出一支伟大远征中前所未有的讨逆大军。"

维帕斯望着战帅的部队说，"他有必要那样做。"

阿巴顿扫视国会大厅的废墟，那昔日的壮丽建筑如今只剩下遍地碎石。他脸上有十余道淌血的伤口，皮肤青紫肿胀，但他活了下来。

在他身边，荷鲁斯·阿西曼德颓然背靠一座损毁雕像，他喘息粗重，肩膀被扭曲成了不自然的角度。阿巴顿把自己和同僚从建筑残骸里拽了出来，但此刻看着阿西曼德的黯然神色，他明白两人未能躲过另一种伤痕。

但一切都结束了。洛肯和托迦顿死了。

阿巴顿本以为这个念头会为他灌注狂野的喜悦，然而他只能品尝到一份空虚感，他的灵魂深处张开了一个怪异的黑洞，仿佛是个永远无法填满的容器。

阿巴顿将这迷思抛诸脑后，启动通信器。"战帅，"他说道，"结束了。"

"我们干了什么，艾泽凯尔？"阿西曼德低声说。

"我们干了必须完成的事情，"阿巴顿说，"我们服从了战帅的命令。"

"他们是我们的兄弟。"阿西曼德说，阿巴顿惊诧地发现兄弟脸上流淌着泪水。

"他们背叛了战帅，这就够了。"

阿西曼德点点头，但阿巴顿在对方的表情中看到了逐渐扎根的犹疑的种子。

他拽起阿西曼德，扶着同僚向风暴鸟走去，那架静静待命的战机会带他们离开这个受诅咒的星球，返回复仇之魂号。

四王议会内部的叛徒们已经死了，但他没有忘记方才在阿西曼德脸上看到的悔恨。

需要留意荷鲁斯·阿西曼德，阿巴顿暗下决心。

战略室的屏幕展现着伊斯特凡Ⅴ那焦黑崎岖的废土。

与曾经富饶丰沃的伊斯特凡Ⅲ不同，伊斯特凡Ⅴ一向是块毫无生机的扭曲怪石。这里也一度存在过生命，但那是亘古年代的往事了，昔日文明留存至今的仅有痕迹便是星星点点的玄武岩城市与堡垒。圣歌城的居民相信，他们宗教体系中的邪恶神祇就盘踞在那些古老废墟里，暗中筹谋发动复仇。

"或许那些人说得没错。"荷鲁斯心想，他的思绪飘往了弗格瑞姆及其麾下的帝皇之子身上，他们正在加紧筹备整体计划中的下一阶段。

伊斯特凡Ⅲ只是序章，伊斯特凡Ⅴ则会成为银河历史中最为关键的一场战斗。这个念头让荷鲁斯微笑起来，他抬头看到马罗格斯特一瘸一拐地向战帅王座走来。

"有什么消息，老马？"荷鲁斯问道，"所有地面部队都归位了吗？"

"我刚刚接到征服者号的消息，"马罗格斯特点点头，"安格隆已经回来了。他是最后一个。"

荷鲁斯转头看着伊斯特凡V的崎岖地表说："很好。他最后一个离开战场也是意料之中的。说说死伤情况？"

"我们在登陆点损失惨重，在宫殿里也大有伤亡，"马罗格斯特回答，"帝皇之子与死亡守卫的情况类似。吞世者的折损最为严重，他们只剩下略多于一半的部队了。"

"你不认为这场战争是个明智选择，"荷鲁斯说，"这你瞒不过我，老马。"

"这场战争代价昂贵，"马罗格斯特委婉地说，"其进程本可以缩短。如果我们能够及时撤回部队避免长期围攻的话，就能显著减少人力与时间上的损失。我们的阿斯塔特兵力并非无穷无尽，我们的时间也绝非无穷无尽。我不认为这里存在任何值得争取的伟大胜利。"

"你仅仅看到了有形的代价，老马，"荷鲁斯说道，"但你没有看到无形的收益。阿巴顿尝到了鲜血，叛徒中的实际威胁已经被剿灭，吞世者走到了绝无退路的境地。如果任何人对这场崭新远征能否胜利曾经抱有怀疑的话，我在伊斯特凡Ⅲ取得的成果都足以抹消任何顾虑。"

"那么你有何吩咐？"马罗格斯特问。

荷鲁斯从屏幕前转过身说："我们已经在这里拖延许久，是时候继续前进了。你说得对，我放任自己被卷入一场我们无暇开展的战争，但我会纠正这个错误。"

"战帅？"

"轰炸那座城市，"荷鲁斯说，"把它从星球的地表上抹除。"

洛肯无法挪动双腿。每一下心跳都导致胸部肌肉挤压碎骨，在肺脏里点燃阵阵剧痛。他在喘息之间咳出黏稠血块，每一口气都像是临终哀叹，生存的意志从他体内逐渐消散。

透过头顶碎石的缝隙，洛肯能瞥见一抹灰暗天空。他看着烈焰轨迹刺穿云层坠向大地，于是闭上了双眼，他明白那是轨道轰炸的第一波炮火。

死亡之雨再次笼罩了圣歌城，但这一次不是病毒攻击那样的特殊手段了。高爆炸弹将要抹杀整座城市，为伊斯特凡Ⅲ之战画上这最后一个凶残的惊叹号。

这是典型的战帅举动。

这是一篇最后的墓志铭，让任何人都无法怀疑胜利的归属。

橙红色火球在城市头顶绽放，大地颤抖不已。摧枯拉朽的火浪将楼宇推倒，奔涌如潮的烈焰让街道沸腾。

整个世界仿佛陷入了一场凶悍地震，洛肯察觉到自己的废墟囚笼开始滑动移位。国会大厅的残骸被熊熊火焰吞没，无孔不入的尖锐剧痛将他全身包裹起来。

之后黑暗终于降临，洛肯什么都感觉不到了。

塔维兹的忠诚派战士只有区区百人了。在这场充满荣耀的誓死抗争中，他们便是仅有的幸存者，塔维兹将这些战士集结在战争歌者神殿的废墟里——荷鲁斯之子、帝皇之子，甚至还有几名失魂落魄的吞世者。塔维兹注意到队伍中并没有死亡守卫，他心想或许有人活过了莫塔瑞恩对壕沟的血洗，但他也明白那些同袍就像远在天边一样遥不可及。

这就是结局了。大家都心如明镜，但没有人说出来。

他早已熟知每一个人的名字。此前他们只是无休无止的日夜苦战中一张张沾满污泥的面孔，而现在他们都是亲密兄弟，是塔维兹甘愿与之共赴黄泉的英勇战士。

城市北部绽放出爆炸火光。笼罩在头顶的黑暗云层被流星洞穿，透露出闪闪繁星。那明亮星光伴着临头末日一起挥洒在圣歌城之上。

"我们让他们吃到苦头了吗，上尉？"索拉森问道，"这一切有意义吗？"

塔维兹略加思索之后开口作答。

"是的，"他说道，"我们让他们吃了些苦头。他们休想忘掉这次教训。"

一枚炸弹砸入领唱者宫殿，终于让那苟延残喘的巨石花朵变成了蓬勃烈火与飞溅碎石。忠诚派战士们没有卧倒在地或冲向掩体——那毫无意义。

战帅在轰炸这座城市，他不会轻易停手。

他不会再容许任何人侥幸逃生了。

熊熊火柱在宫殿各处冲天而起，迈着不可阻挡的灼热步伐向他们逼近。

圣歌城之战结束了。

那座神殿即将竣工，黑石筑成的高大拱顶如同一具枯骨，崭新远征的指挥官们在此齐聚一堂。安格隆依旧恼怒于在忠诚派彻底覆灭之前便离开伊斯特凡Ⅲ的决定，莫塔瑞恩一言不发，满脸阴云，他麾下的死亡守卫像一道铁墙将他与旁人隔绝。

艾多伦总司令率领几队帝皇之子出席，自身军团在战帅眼中的惨痛败绩让他难以释怀，他的存在并不受欢迎，只是尚可容忍。

马罗格斯特、阿巴顿和阿西曼德代表着荷鲁斯之子，他们身边则是艾瑞巴斯。战帅伫立在神殿的祭坛前，据艾瑞巴斯所说，那祭坛的四面正是诸神的四种具现。在荷鲁斯头顶，伊斯特凡Ⅴ的巨大投影占据了神殿的空间。

一个名为厄古尔盆地的位置被高亮标记出来，那辽阔陷坑边缘有一座俯瞰全景的堡垒，正是弗格瑞姆为战帅大军构建的。蓝色光点标志着可行的空降区，以及潜在的进攻和撤退路线。荷鲁斯刚刚花了一个小时向诸位指挥官们解说下一步行动的具体细节，此刻正在收尾。

"就在此刻，七个军团正赶往这里毁灭我们。敌我双方将在伊斯特凡Ⅴ对阵，他们想必预期一场惊世恶战。但事实上，那根本不会是一场战斗，因为自从上次聚首商议至今，我们已经取得了重大进展。艾瑞巴斯牧师，请你向大家通报伊斯特凡星系之外的局势。"

"希格纳姆一切顺利，大人。"艾瑞巴斯迈步上前说道。他额头的刺青添加了新的图案，与神殿石壁上雕琢的符文相同。

"圣吉列斯和他的圣血天使不会烦扰我们，科尔·法伦则传信称极限战士正在考斯集结。他们完全蒙在鼓里，没有机会向忠诚派施以援手。我们的盟友远多于敌人。"

"大局已定，"荷鲁斯说，"效忠帝皇的军团会在伊斯特凡Ⅴ一败涂地。"

"之后又将如何？"阿西曼德问道。

自从圣歌城之战落下帷幕，荷鲁斯·阿西曼德就被一种异样的忧郁情绪所笼罩，战帅注意到阿巴顿向兄弟投去了警惕的目光。

"我们的陷阱触发之后呢？"阿西曼德继续质问，"帝皇依旧高居王座，整个帝国还是听从他的号令。在伊斯特凡Ⅴ之后，我们又将如何？"

"之后，小荷鲁斯？"战帅说，"之后我们向泰拉进军。"

作者简介

本·康特尔执笔了饮魂者系列与灰骑士系列故事,当属黑图书馆旗下最受欢迎的战锤 40,000 作家之一。除小说之外,他还撰写了 RPG 手册与漫画等等。他是一位狂热的模型涂装高手,而这个爱好也为他赢得了最为宝贵的藏品:一尊金恶魔奖。现居英国朴次茅斯。

译者简介

赵笛,毕业于清华大学生物系,常用网络 ID 为 Haldir。埋首阅读英美奇幻文学作品多年,熟悉并热爱马哲里两兄弟、秘银厅六英雄、费诺七子、护戒九人、终焉八位化身、帝国十九原体等传奇人物。现旅居瑞典小城北雪坪。

图书在版编目（CIP）数据

燃烧的银河 /（英）本·康特尔著；赵笛译 . — 杭州：浙江科学技术出版社，2020.5（2023.4 重印）

ISBN 978-7-5341-8855-8

Ⅰ. ①燃… Ⅱ. ①本… ②赵… Ⅲ. ①幻想小说—英国—现代 Ⅳ. ① I561.45

中国版本图书馆 CIP 数据核字（2019）第 276537 号

著作权合同登记号　　图字：11-2018-171 号

书　名　燃烧的银河
著　者　［英］本·康特尔
译　者　赵　笛

出版发行　浙江科学技术出版社
　　　　　杭州市体育场路 347 号　邮政编码：310006
　　　　　办公室电话：0571-85176593
　　　　　销售部电话：0571-85176040
　　　　　网址：www.zkpress.com
　　　　　E-mail：zkpress@zkpress.com

排　版　杭州天一图文制作有限公司
印　刷　浙江海虹彩色印务有限公司

开　本　710×1000　1/16　　印　张　14.5
字　数　290 000
版　次　2020 年 5 月第 1 版　　印　次　2023 年 4 月第 3 次印刷
书　号　ISBN 978-7-5341-8855-8　　定　价　55.00 元

版权所有　翻印必究
（图书出现倒装、缺页等印装质量问题，本社销售部负责调换）

责任编辑　吕路明　　　　责任校对　陈宇珊
封面设计　孙　菁　　　　责任印务　叶文炀